厨房知道你爱谁

U0381114

安冬 绘

XU FENG WORKS

徐逢 著

SPM 南方出版传媒·广东人民出版社
· 广州 ·

图书在版编目（CIP）数据

厨房知道你爱谁 / 徐逢 著. —广州：广东人民出版社，2017.12
ISBN 978-7-218-11982-3

Ⅰ.①厨…　Ⅱ.①徐…　Ⅲ.①饮食—文化　Ⅳ.①TS971.2

中国版本图书馆CIP数据核字（2017）第194586号

Chufang Zhidao Niaishui
厨房知道你爱谁

出　版　人：肖风华

策划编辑：王湘庭
责任编辑：王湘庭
封面设计：居　居
责任技编：周　杰　吴彦斌

出版发行：广东人民出版社
地　　址：广州市大沙头四马路10号（邮政编码：510102）
电　　话：（020）83798714（总编室）
传　　真：（020）83780199
网　　址：http://www.gdpph.com
印　　刷：珠海市鹏腾宇印务有限公司
开　　本：889毫米×1194毫米　1/32
印　　张：8.5　字　数：150千
版　　次：2017年12月第1版　2017年12月第1次印刷
定　　价：43.00元

如发现印装质量问题，影响阅读，请与出版社(020-83795749)联系调换。
售书热线：（020）83795240

厨房艺术，是极具个性化、极难复制的艺术。情绪、耐心、灵感，与每一刻的空气、阳光、温度、湿度都有着微妙的关系，以至于同一个人，同样的食材，同样精确到秒的烹饪程序，都会得出不一样的食物。

Cookie Card

汽水肉

一个人吃饭，不想吃得太清淡，又不想太累着自己，除了叫外卖，还有别的办法解决吗？

有。做一碗汽水肉。

冰箱里有一小袋肉糜就好，将它取出来解冻，加入姜末、细盐、生抽、胡椒粉和少许清水，搅拌均匀，加一勺淀粉，这样能使肉质更嫩。用筷子搅打起劲，再兑入少许水，继续搅打，让肉糜充分吸收水分，整体感觉不那么干稠，而是在搅打后处于缓缓流动的状态。这时汽水肉就算是拌好了。

如果你高兴，还可以打一个鸡蛋在肉糜上。

用蒸锅隔水蒸，待水开上汽后再蒸20分钟左右，一碗滑嫩、鲜美的汽水肉就成了。

揭开锅盖，汽水肉悬浮于碗中，表面上浮着一层肉汤。这碗汽水肉，原汁原味，有肉有汤，可以拌饭吃，也可以空口吃，简单方便，营养丰富，老少皆宜。

汽水肉不是汽水做的。这里所说的汽水不是碳酸饮料，而是蒸汽形成的肉汤。

你爱谁 厨房知道

Cookie Card

厨房艺术，是极具个性化、极难复制的艺术。情绪、耐心、灵感，与每一刻的空气、阳光、温度、湿度都有着微妙的关系，以至于同一个人，同样的食材，同样精确到秒的烹饪程序，都会得出不一样的食物。

Cookie Card

主要材料

01 包菜半个 | 02 芹菜几根 | 03 朝天椒三五个
04 葱花 | 05 甜面酱

步骤

01 | 将包菜撕成片，洗净。芹菜少许（只用几根就可以）掐成小段、洗净。芹菜叶子不用去掉。

02 | 包菜放在滚水中略焯一下捞出备用，芹菜也放在滚水中略焯一下捞出备用。

03 | 用热油小火炒熟朝天椒，随即放入干辣椒碎、花椒碎各少许，小火炒香，再加入老抽和生抽，放一点白砂糖。

04 | 根据各人口味放入其他调味料。如无特别要求，这一步骤也可省略。

05 | 将锅中的调味酱料拌入已放凉的包菜中，置入保鲜盒放冰箱冷藏数小时，即可得爽脆入味的一道小菜。

厨房知道
你爱谁

Cookie
Card

小时候只嫌时间过得太慢，人情世故是虚
伪、客套，年节假期和所有与之相关的仪
式，都没有必要。然后，不知从哪一天开
始，像坐上了快车，时间如车窗外的景
物，快速流走，令人心惊。节气、节日，
与之相关的一切事物，都成了站台上的风
景，美不美还在其次，重要的是，它们能
让时间快车暂停、变缓。

Cookie
Card

清蒸鱼

鱼虾等河鲜，最要紧的是食材新鲜。我的经验是，鱼杀好后一小时内烹煮，肉质最为鲜美。鱼的做法多种多样，清蒸鱼最简单。

蒸鱼前可在鱼身上抹上一点儿细盐，码上几块姜片去腥。水开后隔水蒸鱼。一般蒸十分钟就可以关火了。此时鱼的眼珠凸出来，证明鱼肉已熟。

蒸鱼时用开水蒸，主要是冷鱼遇到热气后，会迅速锁住鱼肉的水分，使其口感更加鲜美多汁。

蒸鱼时可准备姜丝、葱丝、红辣椒丝，准备白糖、生抽、醋的混合调味汁。

鱼蒸好后，盘中会有一层汁水。有人认为这是鱼汤，很鲜，但我觉得不清爽，会将这些水滗掉，同时也夹出姜片，只留下一条蒸好的鱼。

将切得细细的姜丝、葱丝仔细地摆在鱼身上，锅子烧热，倒入油，将烧热的油淋在鱼身上，利用油温激发出调味品的滋味。随后浇上调好的调味汁。这样一道清蒸鱼，清爽、漂亮，肉丝鲜美，汤汁清鲜，色香味俱全。

如果想偷懒，也可以将鱼蒸好后，淋上从超市买来的蒸鱼豉油。

厨房知道
你爱谁

Cookie
Card

每一个关于一道菜的记忆，都是一段悲欢离合的故事，有时让你甜到心里，有时苦涩到涕泪横流，有时却辛辣呛喉无法言喻。不论味道是好是坏，你都无法拒绝，多年后再记起，却一定被记忆粉饰成了美味，独一无二，不可替代。

肉酱拌面

MEICIANG
BANMIAN

你厨房谁知道

🍲 **主要材料**

01 面条 | 02 肥瘦相间的肉糜 | 03 豆瓣酱
04 葱花 | 05 甜面酱

🍴 **步骤**

01 将肉糜用少许细盐和生抽略微拌一下，加少量淀粉
拌匀，增加肉糜的滑嫩感。不习惯用淀粉调理肉类
的主妇，这一步骤可省略。

02 锅中倒入适量植物油，放入豆瓣酱，小火翻炒。

03 放入肉糜炒熟。

04 加入适量甜面酱翻炒。

05 倒一小碗水进去，水量没过肉糜。大火煮开后，继
续用中火煮几分钟。

06 根据各人口味，加入酱油或白糖等调味品。起锅，
将肉酱倒进碗中备用。

07 重新坐一锅水，烧开后煮面条。

08 面条煮好装盘，按各人喜好，浇上适量肉酱和肉酱
汁，撒上葱花，拌匀即可。

厨房知道你爱谁

Cookie
Card

享用美食这种事，有时和家庭经济条件关系不大。投胎到一个对食物毫无感情的人家，吃喝只为解决基本生理需要，无论如何都是有缺憾的。

Contents

目录

Part 1 厨房知道你爱谁

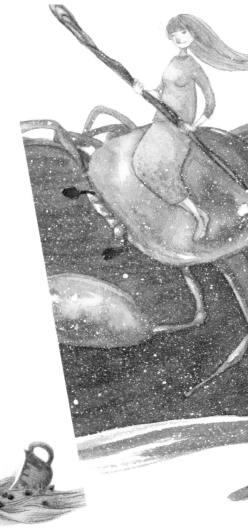

Part
1

厨房知道你爱谁

不论什么样的人家，
厨房都是一个窥视幸福的地方，
在这个或大或小的空间里，
浓缩的是关心、贴心和在意。

厨房知道你爱谁

朋友们都说我爱做饭。

我只是会做而已。

做饭是一项很好的活动，这一点毋庸置疑，但要说到爱做饭，喜欢待在厨房里……还是算了吧。

把食材变成美味佳肴，过程的确有趣，坦白说，结果更令人满足。

结果是什么？是我，我的家人，我爱的人，享受我做的食物。

然而，不管承认与否，一天之中，我待在厨房里的时间很久，这地方，或许比房子里的其他角落更懂我。

厨房知道你爱谁。从你走进这里，将食材放在置物篮里，拣出需要的蔬菜、禽肉、鱼虾和各种辅料，放置在水槽里清洗干净，从你切菜的刀法，从你烹饪时嘴角上扬的弧度——它从你每个毛孔散发的气息里知道你的爱，知道你的喜怒哀乐。

我小时候住在红钢城，房子建于20世纪70年代，起初是两户合用厕所和走道，后来才改造成独门独户。改造之前，两户人家就算得上同在一个屋檐下，邻居家的女主人芝伯母是一名小学老师，教语文。芝伯母不下厨，做菜是她丈夫的事儿。她丈夫是浙江人，爱吃小鱼小虾，厨房里常常飘来一股水煮的鱼腥气。湖北是千湖之省，水产品丰富，湖北人

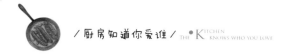

也特别擅长烹鱼，对这样粗简的炮制方法，自然有些轻蔑。

尤其是夏天，因为房间朝向的缘故，邻居家的厨房在太阳底下一览无余，不知为何，我瞟一眼，似乎就嗅到了那股鱼腥气，感觉很糟。

看张爱玲写的《桂花蒸·阿小悲秋》，她提到那间公寓里的厨房时，我也有类似感觉。

"上午的大太阳贴在光亮的、闪着钢锅铁灶白瓷砖的厨房里像一块滚烫的烙饼。厨房又小，没地方可躲。"

再比如文中说到阿小帮佣的外国人哥尔达请客，"吃些什么我说给你听：一块汤牛肉，烧了汤捞起来再煎一煎算另外一样。客人要是第一次来的，还有一样甜菜，第二次就没有了"。

而那甜菜，也不过是两个煎饼。没有面粉，哥尔达说就用鸡蛋，甜鸡蛋。倒是阿小看不过去，用自己的面粉添上了，给东家做了鸡蛋饼。

阿小自己呢，给她和儿子百顺做的是菜汤面疙瘩，"一锅淡绿的黏糊，嘟嘟煮着，面上起一点肥胖的颤抖"。

想来阿小的厨艺不会差，这面疙瘩，就比文中经常出现的牛肉、甜菜感觉要好吃一些。一来是给自己和儿子做的，有感情在里面；二来，哥尔达这个外国人的确没意思，张爱玲写道："他深知'久赌必输''久恋必苦'的道理，他在赌台上总是看看风色，趁势捞了一点就带了走，非常知足。"

这样一个东家，这样一间厨房，在这样一个桂花蒸的日子里，在张爱玲笔下，热腾腾的，难以给人好感。

桂花蒸，这种气候一般出现在南方，意思是在农历八月间桂花将开时，老天爷好像在蒸桂花，使得人间的天气极其闷热。

厨房不欢迎高温天。除了夏天和桂花蒸的日子，其他季节都还不错。

一个春天的下午，一股异香透过闭合不严的房门，穿过走道飘进我的鼻孔。那是油炸食物的香味，里面有油香，有面香，还有一股清幽的植物香气。

我循香而往，邻居芝伯母在厨房里忙着。她站在炉灶后，正将一截截芹菜根往一盆面糊糊里放。黄绿的芹菜根被面糊裹住，被送进一锅热油里煎炸。几秒钟后，一股子异香就从油锅里溢散开了。

"这是什么啊？"我问。

"你尝一块。"

"油炸芹菜兜子。"

"兜子"是土话，树兜子就是树根，菜兜子就是菜根。

"聪明，就是油炸芹菜兜子！"

这种金黄喷香的食物，外壳是加了盐调味的面粉，炸得酥脆，里面的芹菜在高温下失去了劲道，变得柔软，但因有面糊的保护，锁住了芹菜的水分，吃到嘴里并不干，有丰润的汁水流淌出来，滋润了整个口腔。

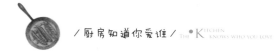

　　后来接触日本料理，我就想到当年的油炸芹菜兜子，那也算是天妇罗吧！

　　我没想到芝伯母会下厨，而且做出的食物别致又好吃，印象中，她只做过这一次菜。

芝伯母在一所小学里当语文老师，身量矮小，戴眼镜，短发，看上去极其朴素，绝不像有魅力的女人。

邻居们普遍认为，芝伯母配不上她丈夫陆师傅。

陆师傅长得高大英俊，这不算啥，他还能干。他在厂里是生产能手，回到家包揽绝大部分家务，这也不算什么，他为人还很好，对谁都笑呵呵的，至于对芝伯母，基本上可以说是百依百顺，像服帖的小绵羊。

而芝伯母，她不大做家务，全家的晚饭经常靠陆师傅从单位食堂里用铝饭盒拎一大盒饭和两个菜回来对付。

芝伯母家的厨房正对着小马路，邻居们经常可看到这样的场景：

陆师傅站在厨房窗前的水槽边吭哧吭哧洗刷碗筷，芝伯母呢，她在丈夫身后，说着笑着，搭个手什么的，倒也不闲着。

大概是自知不够能干，让丈夫受累了，每到这种时候，芝伯母脸上总漾起红晕，是羞赧的样子。

陆师傅受邀到邻居家喝点小酒，邻居们爱开玩笑，何况又喝了点酒，于是就问起他跟芝伯母的恋爱经过。陆师傅说到当初他跟芝伯母的结合，虽有五分醉意，脸上还是露出很认真很珍重的表情。

他说小芝很好看，从前留着长发，梳一对长辫子，爱慕她的人个个都很真心，他可是一路过五关斩六将才追到她，不容易。

邻居们说，噢，原来是一对麻花辫子啊！

人到中年，留着短发，发量稀少的芝伯母，当年真有那么美，真有那么多人追求吗？这是个谜。女人们完全不信，男人们半信半疑。

陆师傅说的话，大家只当故事听。

有一点是确凿无疑的，芝伯母虽不擅家务，也不大会做饭，但她很懂得吃。

一楼西晒的房子里，住着大张和小林两口子。大张炒的菜很差劲，水煮盐拌的。小林说，这是猪食。大张说，谁吃谁是猪。本来是说着玩儿，天热，语气急躁，就成吵架了。老房子隔音效果差，芝伯母天性热情，急忙跑过去劝架，夹一筷子大张做的菜送进嘴里，嗯，口味清淡，蔬菜的本鲜里带一点儿咸味，又有营养又提味，很特别，配上小林煮得这么香的白米饭，正好。

芝伯母的神色是庄重的热烈的，侧着头，当着众人的面，看着大张的眼光是景仰的，表情是真切的，所以没人会认为她这是在讽刺大张。

大张却被夸得难为情了，说，水放多了，煮得太老了，下次做顿好的请芝伯母来尝尝。

小林白了大张一眼，说道："原来你知道啊，那刚才为什么还跟我吵呢？"

时间长了，小林知道，邻居们也知道，芝伯母这个人，最会说好听的话。左右邻居，谁没被她夸过？别的不说，还是说做菜，无论谁做的，都能得到芝伯母的真诚夸赞，连陆师傅带回家的食堂菜，她都能找出三五个优点。

后来我搬家了，有一天跟旧邻居们聚餐，在一家日式料理店吃到天妇罗时，我脱口而出："呀，这不就是小时候吃过的、芝伯母发明的面团炸蔬菜根么！"

这么一来，芝伯母就成了大家谈论的主题。因为这一年初春，陆师傅去世了，起秋风的时候，芝伯母嫁给了老古。

多年前陆师傅酒后说的话，大家都记起来了。

陆师傅、老古、芝伯母年轻时就认识。老古当年在情场上败给陆师傅后，仍然发誓非芝伯母不娶。就为他这股子执拗劲，陆师傅对老古一直怀有戒心，芝伯母为了家庭和睦，只能避嫌。就这样，三个年轻人成为陌路，多年不相往来。

直到有一天，陆师傅知道老古依然单身，而自己将不久于人世，两个男人经过几次长谈，陆师傅临终前郑重将他的芝伯母托付给了老古。

逝者已矣，生活还需要继续。老古是得偿心愿的满足，芝伯母仿佛要用余生的温情来补偿老古。两人亲亲热热的，就跟从前芝伯母跟陆师傅在一起时一样。他们一会儿在乡下租了房子，过上几个月的田园生活，一会儿出门旅游去了。又过了一阵，两人回到老房子里，坐在门前那棵老杨树下，吃零食点心，喝喝茶，说说话。

老邻居们能听到他们彼此称呼对方古古、小麻花儿，也能看到他们互相喂吃的时候芝伯母像个小女孩，满脸羞红。

　　于是芝伯母又成了邻居们谈笑的话题。"还叫她小麻花儿呢！头发越来越少了，快全白了。"

　　笑完大家都觉得不可思议。这样一个从年轻时看上去就很普通的女人，怎么就能活得这么滋润呢？芝伯母这大半生，好像总跟好运相伴。这大半生下来，爱她的人不止一个，而且个个都那么真心实意。

　　当年不太懂男女之间的感情，成年之后，经历了恋爱和婚姻，我才发现其实一个女人的幸福，跟相貌、身材并没有必然的关系，但一定跟她的情商和性情关系极大。关于芝伯母的爱情故事，我当年只是当成八卦来听，多年后才发现，她这一生所拥有的，不正是大部分人尤其是女人最渴望的"最浪漫的事就是陪着你一起慢慢变老"吗？虽然，故事的结局出现了另一个男主角，但，那并不影响故事的完美，不是吗？

　　大约也是从这个时候起，我心里开始执着地认为，不论什么样的人家，厨房都是一个窥视幸福的地方，在这个或大或小的空间里，浓缩的是关心、贴心和在意，厨艺再不精的主妇，也会在这里为心爱的他笨手笨脚开始煮自己的第一道菜；平时再不愿下厨的大男人，也会在她生病时精心煮上一碗也许并不美味的面。

　　不然，为何TVB的港剧风靡了内地多年，大家想起来、记起来的，来来去去却总是那一句："我煮碗面给你吃吧！"

2 烤箱里的主妇梦

我小时候肯定缺少玩具。

有一套积木，这个我记得，也许还有一个布娃娃，可惜没什么印象。听说我有一把口琴，但被邻居怪阿姨给骗走了。

记得的、听说的，就这些。

我从不认为这是个缺憾。

有了孩子后，我经常买玩具，陪着孩子一起玩儿，从积木到扮家家酒（过家家）的套装，从玩偶到遥控车，从组装模型到九连环。

我依然不认为那是我想玩儿玩具。

直到我有了一只烤箱。

我对它的痴迷持续了半年以上，这时我才意识到，烤箱，不仅仅是厨具，它还是我的玩具，专属玩具。

这只烤箱是买电视时用优惠券买的，下意识里觉得优惠券不是钱，"即便买错了，也不算浪费"。自从它进了我的厨房，我烤蛋糕、面包，烤鸡翅，烤排骨，像一个迷恋上新玩具的儿童，每天都要用用烤箱，看它还能烤些什么，还有什么功能没被我发现。

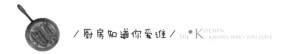
网上有个帖子，列举了一些能迅速提高生活品质的物件。我扫了一眼，看到有自动吸尘器、电动牙刷、烤箱等小电器。自动吸尘器也有点像玩具，电动牙刷更像。前者是小机器人，后者用起来像模拟洗牙。

玩具能让生活变得更有趣，所以，说这几样东西能提高生活品质，我是同意的。而我对烤箱的迷恋，有点像自我宠溺，是对缺乏玩具的童年的补偿。

烤箱能让餐桌上的内容变得更丰富。一盘蛋糕是餐后甜点，一只烤鸡是宴客主菜。没有烤箱，主妇得另外设法，或买现成的，或蒸煮煎炸，用其他方式料理食物。

蛋糕是烤箱新玩家的入门点心，不大容易失手，但要做出漂亮的蛋糕，特别是有特殊造型的蛋糕，却相当麻烦。

我很喜欢的加拿大女作家玛格丽特·阿特伍德，她经常在小说中提到厨房和烹饪。国内出版的她的书，除了《猫眼》一直买不到，其他的我都读过。

《可以吃的女人》是阿特伍德二十出头时写的一部长篇小说。女主角玛丽安有一个相当体面的律师男友彼得，但在两人订婚后，玛丽安的进食就出现了困难。后来，她做了一个人形蛋糕，将它作为自己的替代品送给彼得，然后取消了婚约。困扰她多日的奇怪症状立刻消失了。

这本书写于1965年夏天，出版后被视为一本女权主义的作品。书中有一些富有象征意义的对话和情节，它们出自年轻的阿特伍德笔下，出现在年轻的女主角身上，我却感到十分自然。

求婚是小说情节进展的关键节点。求婚发生在酒后，酒醒后可以对这一行为进行修正或确认，作者让彼得选择了确认，确认地点在玛丽安的厨房里。玛丽安正在洗盘子，一番谈话后，她做了两杯咖啡，和彼得进了客厅。彼得表示很喜欢这里，"很有家的气息"，他说。

从那以后，玛丽安的进食就出现了困难。她的厨房日复一日地脏乱不堪，冰箱冷冻格里结了厚厚一层霜，连门都关不严，有几样东西肯定已经变质。

而彼得的厨房餐桌上摆着新买的玻璃杯，"他的冰箱白白的，真是一尘不染，里面的东西摆放得整整齐齐"。

结婚这件事，对彼得来说，是安定下来。他很满意，因为玛丽安符合他对妻子的基本要求——通情达理。

对玛丽安来说，结婚却让她感到恐慌。她无法把握自己的命运，看上去很是顺利的工作和爱情生活，实则埋伏着巨大的隐患，她会变成彼得的从属品，像她的已婚女友那样，从此失去自己的"内核"。

压力通过进食困难的形式表现出来，最后，她做了一个女人形状的蛋糕，将它送给彼得。

"你一直在想方设法把我毁掉，不是吗？"她说，"你一直在想方设法同化我。不过我已经给你做了个替身，这东西你是会更喜欢的……"

玛丽安的室友说她这是拒不承认自己的女性身份。不管怎样，婚礼告吹后，一切恢复正常，食欲回来了，厨房也被玛丽安清理干净。

《可以吃的女人》，也是一本关于压力的小说。

压力，会让人寝食难安，进而形销骨立，憔悴不堪。

如果吃得下，吃甜食倒是不错的解压方式之一。当然，甜食也是增肥利器。

有一年我在商场开柜台卖空调，认识了一位爱吃甜食的同行大姐。她很胖，衣着考究，举止雍容，虽然胖，还是美。与她相熟多年的人证实，大姐年轻时非常苗条，是远近出了名的美人儿。

变胖是这几年的事，跟情感上的纠葛有关。情感上的跌宕起伏，衍生出公司、账款、债务上的责任，她的压力很大。

甜食，还有酒（高度酒），是她的爱物。

我能想象她一个人在寂静的夜晚，空荡荡的房子里只有自己跟一大堆食物，当然，还有酒。一个人，就着寂寞，把所有的食物吞咽下去。我却无法想象，在吞下这些食物时，她心里在想些什么。这种好奇，让我一直无法释怀，后来写了一篇关于食物和人生阴暗面的小说。

这本书的主角是一个年轻的女孩，一个曾拥有180斤体重的女孩——董微雨，减肥成功后，试图抹去胖女孩时期的历史。

女主角的胖，自少女时期就开始了。阴霾笼罩的家庭氛围中，董微雨用吃来逃避现实。减肥成功后，每当在遭遇情感上的挫折时，她依然会习惯性地选择狂吃解压。

我不知道为什么执着地想要写这个故事，虽然我自己并没有这样一段经历。也许，是因为对食物的热爱和对人性深处一些阴暗面的窥探欲，让我总认为喜欢用吃，尤其是用暴饮暴食来解压的人，心中多少有些无法为人所知的阴暗过去。这种阴暗也许沉重，也许只是过于隐私，久了便成了心中的一个结石，只有用食物的滋润，才能让那种疼痛少一点，轻一点。

　　而烤箱，对于一个女人来说，便是通向魔法的门。拥有了这扇门，她可以肆意变出各种形状和颜色的香喷喷的甜品，用这些神奇的食物，迎接刚放学回家的孩子或是下班后饥肠辘辘的男人。而当这些食物填满他们的胃时，便变成了满足、开心和幸福。

　　一个人时，这扇魔法的门也可以为自己开启。洁白丰满的面团变成香气四溢的面包那一刹那，女人看到的是生命的蜕变，是新生。吃下去，口齿留香，肠胃满足，是寂寞也是愉悦；朋友聚会分享，被人称赞手艺高超，是成就也是欢乐。童年拥有一个高级玩具的梦想，也不过如此吧，让人羡慕着，嫉妒着，却只有自己能玩，说到底，人人心中都有一个不便于启齿的自私的梦吧。

　　但我，更享受从这个玩具里变出一盘盘食物的一刹那，在那一刹那，我已经不想去探究大姐用食物来解压时的心情，只是单纯的开心快乐。是的，写小说也给不了我这种快乐。也许，对于某一类人，如主妇我来说，吃不是最好的解压方式，做吃的，尤其做甜品，才能真正让身心放松而满足。

　　你心中梦想的玩具是什么呢？

3 没有等来的烧鸡

我新买了一套《聊斋志异》。

世界短篇小说之王非蒲松龄莫属。我欣赏了一番装帧、排版，摸摸纸张的质感，又忍不住从书柜里翻出另一位短篇小说之王的作品——莫泊桑的短篇小说集《羊脂球》。

这本是王振孙的译本，开卷第一篇是《羊脂球》，也是莫泊桑的成名作，讲的是普法战争期间的一则故事。一辆法国驿车在离开敌占区时，普鲁士军官要车上一个绰号叫羊脂球的妓女陪他过夜，否则就不让驿车通过。羊脂球出于爱国心而断然拒绝，同车的有身份的乘客却为了私利站在敌方，向羊脂球施加压力，逼她为了大家的"共同利益"而牺牲自己。

小说将各个人物惟妙惟肖地呈现在读者面前，无论是故事、文笔，还是结构、技巧，都称得上精彩绝伦。

但是（可怕的但是），事实上，我仍然记得初次阅读《羊脂球》时的第一反应，当时我的想法并非上述那般严肃。我惊诧于法国人的审美，百思不得其解，那绰号羊脂球的妓女，怎么可能吊人胃口？"身材矮小，浑身都是圆滚滚的，胖得要冒油，连一个个手指也是肉鼓鼓的，只有在节骨周围才陷进去，就像是几节短香肠……"

哦，短香肠！这都是怎样的比喻？可怜的女人！

最可怜的是，羊脂球随身带了三天的食物，但在她不得不委身于普鲁士军官的时候，那一车道貌岸然的旅伴，竟然把她那一篮子食物吃得精光！

篮子里有馅饼、甜食、水果，有葡萄酒，还有两只切成块的子鸡，鸡肉上裹着结了冻的酱汁……它们的遭遇如同女主人一样，被觊觎，被吞噬，随后变成满腹不屑。

我印象至深的，我耿耿于怀的，竟是以上这些。

尤其是鸡肉，裹着结了冻的酱汁的鸡肉，让我边读边咽口水。

鸡肉，恐怕是最受欢迎的旅行美食。

绿皮火车的对座，从包包里取出一只香酥鸡、一罐啤酒，享受的是他，备受煎熬的是你，你懊恼不已：为何我没带点儿吃的？

世上没有后悔药，有的只是火车靠站时，站台上小贩的声声叫卖声：扒鸡，扒鸡，德州扒鸡！

有人买了，有人吃了，有人正襟危坐，警告旅伴说，那不是鸡，是乌鸦。

德州扒鸡，声名在外，却毁于火车站台。我不知站台扒鸡是鸡还是鸦，但听旅伴如此分析：若是将全国所有火车线上所售的

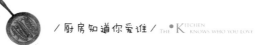
德州扒鸡汇总，德州家家户户烹饪此物，怕也无法保障供应。

好吧，要想解馋，还是等下了火车后再说。游子归家，旅者落程，总有一顿好饭等着他。起程的饺子落程的面，那面，也不同凡响，煨面的汤是鸡汤，清、浓、鲜、腴。唯有散养走地鸡，用文火煨上一整天，方得这一锅家味鸡汤。

寻常食材，家人用心烹制，就是家的味道。

有一回，一个上海同事很稀奇地问我："听说你们湖北人待客，用一大碗油腻腻的鸡汤，里面打上五六个蛋，端到你手里，你一定要吃光，才算是有礼貌？"

他说的规矩我也不清楚，但鸡汤做得油腻腻的，定是厨娘功夫不到家。煨得好的鸡汤，一层黄油浮在上面，待汤冷却后，凝结成块，可以撩起，也可以不管它，无论如何，汤是清的，跟油腻腻不沾边。

女儿读初三时，校长在家长会上讲话，叫我们不要给孩子增加压力，家长们能做的，一是保障后勤，二是适当的心理按摩。我大喜，心理按摩，我会；后勤保障嘛，我刚刚添置了一个电炖锅，隔水清炖，炖出的汤，保证既鲜美又有营养。

电炖锅我用过好几种，只有这种隔水炖锅才能炖出好汤。在此之前，我只喜欢用砂锅或陶瓷汤吊子煨汤。煨汤需要耐心，心要静。尤其是煨鸡汤，功夫不到家，很容易煨一锅油腻腻的汤，白白浪费了好食材。用砂锅或陶瓷汤吊子煨汤，起初要守在燃

气灶前，大火开了后调成微火，再设定闹钟，定时关火。倘若中途需要出门，总要惦记着炉子上的一锅汤，火烧火燎般，一心往回奔。

厨具的改进对主妇来说是最大的福利。将食材扔进电炖锅里，设定好时间，届时必得一锅靓汤。煲汤途中，写字、读书、做家务、外出，敬请随意。

我酷爱吃鸡，几乎每周都要去菜场买一只。或子鸡，用来清蒸或爆炒；或土鸡，用来煨汤；或草鸡，红烧焖炖都行。

鸡肉的烹饪方法太多了，有时来不及去菜场，就在楼下超市里买些鸡腿、鸡翅，做照烧鸡腿、烤鸡翅、香酥鸡腿、可乐鸡翅、辣子鸡块、宫保鸡丁、麻辣鸡丝……

活杀鸡和冰冻鸡的口感是不同的，圈养鸡和走地鸡的滋味也有很大区别。

小时候，我奶奶在小东门老宅的后院养了不少鸡，公鸡们雄赳赳气昂昂的，羽毛很是漂亮。母鸡们都很温顺，每天都会乖乖地跑到鸡窝里下几只蛋。

老宅位于张家湾，湾里张姓居民居多，但我家不姓张。湾子属于城中村，民宅均建于地势较高处，沿着湾子里自然形成的道路一直走，走到湾子尽头，感觉像是爬了一座小山。在湾子低洼处有一块池塘，里面种了莲藕，养了许许多多的鱼。站在池塘边，背后是错落有致的各式宅院，远方则是连绵的、平整的菜田。

奶奶除了养鸡，还拥有几块菜田，我曾陪她一起去田里干活。奶奶能挑担子，能干许多农活，湾子里的人都夸她身体好，她也对此很是自豪。

我二叔替她在何家垄找了个早市的摊位，我便在好多个清晨陪奶奶去早市卖菜。菜是她亲手种的，真正的绿色食品，但以我稚嫩的眼光来看，咱们的菜比不上左右邻摊的蔬菜好看，且数量、品种都很少。

奶奶到底老了。别人的菜又多又鲜嫩，别人做起买卖来声音洪亮，手脚麻利。我陪着奶奶枯坐着，偶尔才会有人到我们的摊位前，挑剔地拣一把菜，讨价还价一番，才把菜买走。

奶奶总是坚持卖完最后一把菜才收摊，收摊后给我买碗豆腐花和一个面窝做早餐，再领着我一路走回家。

后来我搬离老宅读书，只在寒暑假回奶奶身边住几天。奶奶的身体还很康健，后院里还养着不少鸡，但似乎不能再挑担子，也不再去早市摆摊卖菜了。有一阵子我特别想吃烧鸡，想喝酒，想大口吃肉大碗喝酒。这种想法当然不敢跟爸妈提起，于是我说，奶奶，你给我做只烧鸡吧！她说，好。我说要整只的，不要斩成一块块，我要把一整只鸡撕开，掰只鸡腿吃。奶奶说，好。我说要红亮亮的、油光光的烧鸡，你会烧吗？奶奶说，会，用酱油、作料烧，弄只深的锅子，慢慢烧。

说完我去开了一瓶颜色呈石榴红的果子酒，倒了一盅，慢慢喝，然后又去门前的槐树上弄了几把槐花塞进嘴里，配酒吃。奶奶并不管我，只叫我少喝点儿，莫喝醉了。

我没喝醉，但我没等来奶奶做的红烧整鸡。

没过多久，奶奶患了脑中风，卧床不起。经过一段时间的治疗和恢复，她勉强能够下地走路了，便执意要回老宅单独住，理由是自由自在些。有一次我用零花钱买了袋鸡蛋杏元饼干去看她，她很高兴，与我拉扯起往事。我觉得她渐渐好起来了，趁机提及烧鸡。我说，奶奶，你答应要给我做只烧鸡的。她笑着沉默了一会儿，点头说，好哇。

然而这次见面不久，奶奶再次病倒，再过了不久，奶奶终于离开了我们，没有留下过多的话语，我甚至没能来得及再跟她一起吃一顿饭。在这之后很长的时间里，我都无法去回忆跟她有关

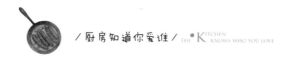

的人和事，甚至不愿意再去碰果子酒，烧鸡也在我的脑海中被暂时封存起来，仿佛一个被拉上拉链的口袋，只要轻轻拉开拉链的一条缝，所有情绪都会从缝中漏出，让人猝不及防。

对于亲人的离世，每个人都有自己的方式去接受和面对，而对于我，暂时封存所有相关的记忆是唯一能让自己不被悲痛淹没的方式。

多年以后，当我终于能够拉开那条拉链，看一看那些被我塞到最暗无天日的一角的那些关于奶奶的记忆，发现自己始终未曾放下她曾许诺过我的那一只烧鸡。无数次梦里，我都梦到奶奶系着那条洗得有些发白的围裙，笑眯眯地端着一盘烧鸡，那是一整只鸡，经过酱油和酒的调味，油光发亮，红中泛金，香味连屋子外都闻得到，我迫不及待地冲过去，一把抓过鸡腿，塞到嘴里，却只尝到了咸咸的泪水……

即便在许多年后的今天，这段话也是分了好几次才勉强写完。

每一个关于一道菜的记忆，都是一段悲欢离合的故事，有时让你甜到心里，有时让你苦涩到泪涕横流，有时却辛辣呛喉无法言喻。不论味道是好是坏，你都无法拒绝，多年后再记起，却一定被记忆粉饰成了美味，独一无二，不可替代。

这只没有等来的烧鸡，大概就是如此吧。

4 会做蛋饺的人耐性都不差

我有好几个不擅烹饪的朋友，她们有一个共同爱好：购买最贵最新款的厨具。从各种电饭煲、压力锅、炒锅，到各种炖盅、榨汁机、空气炸锅，再到美丽的杯盘碗盏。

虽然我会故意大笑，骂她们败家，问她们的储藏室还有没有空位，但我打心眼里欣赏她们的行为。不会做菜算不得缺陷，不会欣赏才算。

先进的厨具对糟糕的厨艺能起到一定的补救作用。比如有种小小的不粘平底锅，单手操作很方便，蛋液或面糊都不会粘在锅底上，很利于做玉子烧、蛋包饭、蛋饺之类的食物。

说到做蛋饺，若是用这样的平底锅，锅子还要再小一点儿才好。

不过，即便有这样的锅子，我也情愿用最简单、古老的工具去做蛋饺。

哈哈！听上去是不是有点儿矫情？

说起蛋饺，先来说说北方美食代表——饺子。在机器做水饺皮非常便利的今天，为何手工擀皮的饺子口感就是要高出几个档次？不说和面、揉面这些工序，只说手擀饺子皮的特点，中间稍厚，边缘比较薄，用这样的饺子皮包出的饺子，两层边缘捏拢，厚度恰好跟中间部分的面皮差不多。而机器做的饺子皮，一个圆，从中心到边缘，厚度均一，包好的饺子，边缘会特别厚，特别硬。

蛋饺也是饺子，蛋饺皮也要中间略厚，边缘较薄。用平底锅很难做到这一点。

擅做蛋饺的人，一般用一只大的圆形不锈钢汤勺就能做出这样的蛋饺皮，随后放入蛋饺馅儿，用筷子轻轻揭开边缘处的皮子，随着手腕的轻轻腾挪，筷子的轻轻挑、压，在一只汤勺上，就能做出一个又一个蛋饺。

做蛋饺很容易看出一个人的厨艺和个性。缺乏烹饪基础的人，会用蛋液、肉糜、猪油将厨房变成垃圾场；有点儿基础但手势不够娴熟的人，很容易做出破蛋皮，或者让蛋液粘在汤勺上，手忙脚乱不说，还很费材料，一只鸡蛋做不成几张皮；厨艺不错的人，可以做出合格的蛋饺，但若是缺乏耐性，性格急躁，结果会跟厨艺为零的人差不多。

学做这道菜，我也经历了以上三个阶段。为什么会这样？我将做法一一道来，答案就在其中。

做蛋饺要准备的材料有肉糜，建议不要用肥肉太多的肉糜，瘦肉、肥肉的比例在8：2比较好。

肉糜用调味品拌好后放在碗里备用。

做蛋饺还需要一坨炼好的、凝成膏状的猪油，用筷子挑一坨，很便于操作。

最重要的是鸡蛋，我可以用一只鸡蛋做出五六张蛋皮。（写到这里，情不自禁得意一笑）

如果打算做二十只蛋饺，可以先敲四只鸡蛋在碗里，用筷子或手动打蛋器打散，若是蛋液用尽而肉馅尚余，可以根据实际情况再放鸡蛋。

做蛋饺要用的工具，不过是一只不锈钢汤勺、两双筷子和一把调羹。筷子中的一双用来抹油，另一双用来挑肉馅和包蛋饺。调羹是用来舀蛋液的。至于不锈钢汤勺，就是我们用在从大汤煲中舀汤的那种勺子。

一切准备就绪，开始做蛋饺。

《射雕英雄传》中的郭靖和黄蓉，一个天资驽钝，一个聪明无双，可是，左右互搏这种本领，郭靖能轻易学会，黄蓉就怎么也练不出。道理很简单，郭靖专注，黄蓉心思太多。

做蛋饺也一样，有厨艺但缺乏耐性的人，天资高但性子急的人，都很难做出精美的蛋饺来。这样说来，世间的很多事情还是公平的，并不是任何事情都是聪明人的专利，一些看似简单的技能，却无捷径可走，非下个三年五载的苦功不能成。这样想想，

厨娘我到底算不算得上是个聪明人呢?

冬至那日,我做了一个砂锅,用老火鸡汤和大白菜做底,牛肉、羊肉、香菇、瑶柱,加上现做的蛋饺,一层层铺上去,加点儿花雕,小火慢煲,还没上桌,那股酒香夹杂着肉香的味道已经让一屋子人都醉了。端锅上桌,大伙儿顾不得烫,纷纷伸出筷子夹,有夹到蛋饺的人,一口咬下去,都有幸福满足的表情,此刻,之前付出的时间和慢工细活都化成了心里的成就感。

此后的冬日,只要家里来了朋友,只要我端出这样一个砂锅,蛋饺一定当仁不让地成为主角,再看不上它的人,只要轻轻咬下那浸透了各类肉汁精华的第一口后,都会被它的味道折服。鸡蛋和肉的搭配,在经过了慢火和汤的考验后,升华成了另一种美妙的味道,既不完全属于鸡蛋,也不完全属于肉。

看到他们的表情,我心里暗笑,这就是时间和心血熬出的味道啊!

自从开始学做蛋饺,我再也不敢自认为厨艺精良,也不敢再肆意嘲笑那些天资不够的人。如果你爱一个人,为他学做蛋饺吧;如果你恨一个人,让他去学做蛋饺吧!在如此朴实的食物前,技巧似乎没多大意义,不论聪明还是愚钝,都免不了满手蛋糊,一身狼狈。

menu

蛋饺

STEP 1

开小火，将不锈钢汤勺放在火上烤热，汤勺离火，用筷子挑起一坨猪油，在汤勺表面快速、均匀地划拉一圈，使汤勺表面都抹上猪油。膏状猪油遇热即融。

STEP 2

用调羹舀一勺蛋液倒入汤勺里，放在火上微微加热后，离火稍远一点，轻轻转动手腕，使汤勺摇动带倾斜，让蛋液铺满整个汤勺。这一过程中，由于汤勺的形状特点和手势的作用，很容易做出一张中间厚边缘薄的蛋皮。

STEP 3

根据蛋液凝固情况决定汤勺离火的远近和煎蛋液的时间。我一般会在蛋液凝固程度在八九分时离火，用筷子挑起适量肉馅放在蛋皮中间。

STEP 4

用筷子仔细而轻巧地将边缘蛋皮揭开。同时，拿着不锈钢汤勺的左手手腕要配合地转动，便于一半蛋皮离开汤勺覆盖在肉馅和另一半蛋皮上，一只蛋饺已具雏形。

STEP 5

用筷子轻轻点压蛋饺边缘，因蛋液尚未百分百凝固，这时稍微点压几下，蛋皮边缘就合拢了。

STEP 6

将蛋饺轻轻取出，放入盘中。

STEP 7

重复以上动作，做出一个又一个蛋饺。

5 人人心中都有碗红烧肉

有一年老搭档崔欣来上海出差，我们合作几年，这还是头一回见面，作为地主，我理所应当请她吃顿饭。在一家本帮饭店里，我点了一道红烧肉，菜一上桌，我暗暗叫苦，坏了，点菜失误！

这钵红烧肉，色香味俱全。每一块都切得方方正正，色泽均匀，肉皮光润，毫无瑕疵；香味端正，不招人也不烦人；味道极好，咸甜适中，肥肉不腻，瘦肉不柴。这是一道完美的红烧肉，符合红烧肉的所有标准，在我看来，却是它最糟糕之处。

犹如西式连锁快餐店里的炸薯条，随便吃吃就好，正经拿来待客，多少有点怪异。

像红烧肉这样典型的中式家常菜，还是家庭厨房的重头菜，不夸张地说，有多少个厨房，就有多少种红烧肉。你说你外婆烧的红烧肉最好吃，她说她妈妈烧得地道，我还要说我老公做的红烧肉天下第一呢！哪里来的标准？标准自在各人心里。

我妈做红烧肉，是跟我外婆学的。我外甥爱吃她做的菜，眉开眼笑，夸赞外婆做的红烧肉最好吃。我爸点头认可，却从不忘对我妈补上一句："你呀，怎么就是做不出当年姆妈做的味道！"

姆妈，指的是我妈的妈妈，我爸的丈母娘。每当这个时候，向来听不得反对意见的处女座老妈也无话可说。

我也非常喜欢我妈做的这道菜，香，不仅不肥腻，还有一种特别的弹性，常常是一块接一块地往嘴里送，欲罢不能。

你问我吃了多少块？我便害羞起来，十几二十块吧？出于这个缘故，我觉得红烧肉还是得切成块状，吃一块是一块，肉坨坨的，才对得起嘴巴和肚肠。

邻居龙爷爷厨艺高超，一人能搞定几十人的宴席，冷盘熟食，煎炸烧炖，无一不精。他做的红烧肉，被我们赞为上海滩第一。

不过，这话我们也不敢到处去说，其中道理，前面我已说过。事实上，对一碗红烧肉的评价如何，很多时候是跟感情挂钩的。

在厨房掌勺的人，对要吃他做的菜的人有着慷慨无私的感情，才有耐心烧出一碗鲜得掉眉毛的红烧肉。

同样，吃菜的人，倘若心有旁骛，少了爱与体谅，再好吃的红烧肉，也是食过便忘，必然记不得它的滋味。

我妈妈，龙爷爷，他们做的红烧肉都是洗净切好后直接在铁锅中烹制而成的。红烧肉的做法很多，但总体来说，可以分为

　　两大类：一是直接过油烹制，一是先要用水炖煮到一定的程度再说。

　　有一回我看到微博上有人感慨，为何他做了几十年的红烧肉，始终去不掉带皮肉特有的那股肉腥气。底下无数人为他递招儿，有说肉的质量不佳的，须寻优质食材；有说要加八角、桂皮杀腥的；有说要先用水焯一遍再煮的……

　　我追着这条微博看了两天，原来，博主烹制红烧肉时，采用的是江浙一带较常见的做法，先炖再烧。在煮肉之前，他也将切好的五花肉焯过一遍，以去除浮沫，但在焯水的过程中，他的做法就失当了。他是将水烧开后再将肉块扔进锅中——当然，这是焯水的标准流程——但是，请记住，像五花肉、蹄髈、脚圈、脚爪这类带皮的猪肉，焯水时要冷水入锅，方能有效去除肉皮上的异味。

说到这里，我们可以发现，红烧肉虽然是道没有标准的家庭大菜，但它变幻多端的口味，是在掌握基本要领后的创造。这里，我要献上的是我家小厨房私房红烧肉的做法。

首先，须购买上等的新鲜肋条肉，也就是五花肉，一层肥一层瘦，肥瘦相间。将肉洗净后，切成三四厘米见方的肉块待用。

将肉块放入锅中，倒入冷水，水量须没过肉块。大火煮开后继续煮几分钟，将浮沫逼出来。

倒掉水，将肉块用自来水冲洗干净。换一锅冷水，没过焯煮清爽的肉块，放入姜片，大火煮开后小火炖煮。

约莫炖煮40分钟，揭开锅盖，试着用筷子从肉皮处戳肉，能轻松地一戳到底，但又不是特别容易，证明肉炖煮得恰到好处，立刻关火，将肉块捞出来放在碗中。

这个环节很重要，时间短了，肉不够软糯；时间长了，肉趴下了，元神尽散。

好了，关键的准备工作已做好。一碗红烧肉到底好不好吃，

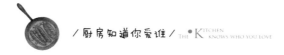

以下是重中之重。

开火，在锅中倒入适量植物油，油温微热后加入白糖适量，改小火，用锅铲不停推动白糖，使之慢慢融化。

将炖好的肉块倒入锅中，快速翻炒，使每块肉块都均匀裹上糖色。此时肉皮的毛孔张开，最易于吸收糖味并染上糖色。

倒入老抽酱油（记住是老抽不是生抽）适量，继续翻炒肉块，使其完全上色。

倒入炖肉的肉汤，以半没过上色后的肉块为宜。

烧煮到肉汤被吸收了一部分时，再次翻炒，直到肉汤收汁成浓郁黏稠的状态，便可关火。

撒上葱段，装盘。

一碗家常红烧肉就这样诞生了。肥肉不腻，瘦肉不柴，咸甜适中，回味无穷。最主要的是，它可以在不同的人手下绽放出不同的光彩，可以性感，可以温馨，可以慈爱，可以娇憨。

不信，您明天就试试？

6 冬瓜的性情你不懂

我在菜场的干货摊档看到冬瓜糖了。

长方形，浅白透绿的颜色，半透明的质地，裹着一层糖霜。

我爱吃甜食，但我小时候最不爱吃冬瓜糖。

你说它是糖吧，它软哈哈的，既没有硬糖耐吃，又没有软糖的韧劲儿——高粱饴也比它正经，好歹还裹了一层糖纸。

你说它是果脯吧，它明明是冬瓜做的，虽跟西瓜、香瓜同为瓜类，却是蔬菜，跟水果没什么关系。

我不要吃冬瓜糖，可它却常常混在糖果堆里，蹿入我的视线中，我无可奈何地拣出一块来，放进嘴里，口感真是微妙难言，说不上来该是继续厌恶它，还是改善对它的看法。

不仅不爱冬瓜糖，我也不爱吃冬瓜。

烹饪冬瓜不像其他蔬菜那样，急火快炒即可，也不像土豆片那样，虽需要耐心和时间，但它的变化是整体性的，要么整片都熟烂，要么整片都是脆的或半熟的。

一片冬瓜从生到熟，从硬到软，是富有欺骗性的。接近瓜心的部分往往很快就熟烂了，接近瓜皮的那一部分，却需要花费很长时间，才能完全变软。

高中时我在杜同学家吃过一次红烧冬瓜。杜的父亲先将切成大块的冬瓜用少许油干煎，接近瓜皮处煎成金黄色之后，又煎侧面。一块冬瓜的每一面都煎过了，他才舀一勺颜色深浓的酱油浇上去，略微翻炒一下，让每块冬瓜都均匀地裹上酱色。倒入一大碗水，使之没过冬瓜，盖上锅盖，待到水快烧干时，再加入其他调味品，一碗红烧冬瓜就此出锅。

入味、软糯，尤其是接近瓜心这部分的瓜肉，用筷子轻轻一刮，就成了蓉状，和着冬瓜汁一块儿拌饭，很鲜。

这是我第一次对冬瓜的印象有所改观。

不过，即使印象好了那么一点点，也于事无补，我依然不爱吃冬瓜。

后来，读大学时，室友兼我们的大姐姐鹊姐姐跟我们说起她哥哥做的冬瓜排骨汤，她说："我哥知道什么时候才能把冬瓜放进排骨汤里，所以呀，他做的冬瓜排骨，冬瓜刚刚软，而不是烂糟糟煮过了头。冬瓜里吸入了排骨汤的肉香，汤里又有了冬瓜的清甜，不那么油腻。完美！"

我还清楚地记得她当时那种沉醉而回味的语气，仿佛世界上任何食物也比不过这一碗冬瓜排骨汤，在她的形容下，我甚至能闻到空气中飘过一阵阵带点肉香又清甜的香气。就在那一刻，我想，冬瓜，应该也可以很好吃的吧？

后来我认识一个女性朋友，她眯着眼睛赞美老公厨艺的样子，因太过夸张，给我留下了极深的印象。

她说："冬瓜火腿汤好吃吧？但你要是吃过我老公做的，其他冬瓜火腿汤你都不要再吃了。我老公啊，他是用整只的火腿，整只的冬瓜，一起煲汤！除了清水，其他任何东西，一律不加。就这样煲，慢慢吊出火腿的咸鲜，冬瓜煲得软软的，却怎么煮都不会烂糊掉。吃一碗我老公做的冬瓜火腿汤，享受！"

女郎的老公是饭店厨师，但她这么说，倒并非为那饭店兜揽生意，而是……爱夫情深。

我呢，呆呆地望着她，脑补的，是一幅整只火腿与整只冬瓜加清水温炖的画面。

画面中的火腿是未经切割的，冬瓜也是。长长的带着暗绿色瓜皮的冬瓜，连剖开、取出中间的软心和籽的步骤也省了。

若是食客不慎点了这道菜，女郎的厨师老公会不会从巨大的汤煲中捞出火腿和冬瓜，每样各切一块，再舀些汤水倾入碗中？

…………

寓居长桥时，我认识了几位年轻妈妈，大家在盛夏傍晚散步时总能遇见，闲聊一番再散去，很是轻松。说了些什么，基本上

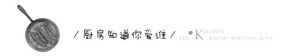

没印象，倒还记得其中一名年轻妈妈得意地描述她做的晚餐，其中一道冬瓜咸肉汤被全家人盛赞。

她说："我婆婆说，汤清、味浓，咸肉不柴，冬瓜有味，这碗汤煲得好，下次再加一点儿海带结，更妙。我就跟她直说，要求不要太高，就这样才好，加了海带，要不要再加开洋（虾仁干）呢？东西加多了，反而串味儿。"

说这话时，她带着点自豪，也带着点调皮，有点少女的憨厚。其实婆婆的意思是委婉地指出媳妇的厨艺尚待改进，媳妇却没有听出婆婆话里的意思。平常人家的柴米油盐烟火味，在婆媳一来二去的对话中，变得轻松而亲昵。而这碗冬瓜咸肉汤，到底好还是不好，却已不那么重要。

至于我，长大后对冬瓜仍常年不喜，哪怕它性凉味甘，具有清火减肥消肿之效，被视为夏天的恩物，我也无动于衷——与其说我不了解冬瓜，不如说我被莫名其妙的傲慢与偏见遮蔽了本心。

经历多了后，我慢慢明白，不喜欢吃一样东西，往往是因为没吃到好吃的，不是食材不够好，就是做法不对。我是在年长十几岁之后才明白这个道理，渐渐对各种食物多了包容和多番尝试之心，也开始尝试烹煮各类以冬瓜为原料的菜肴，逐渐发现，其实，冬瓜的美，真的需要慢慢去欣赏。

红烧冬瓜应该是冬瓜菜肴里最广为人接受的，烧得好的话，既有肉的肥腴口感，又断然不会遗失掉它清淡的本真。至于煲汤，冬瓜具有吸味、吸油的特点，本身的味道又比较清淡，不会喧宾夺主，实属绝好的煲汤原料。

用冬瓜煲汤，最好带皮一起炖，汤中一抹绿意，视觉冲击会刺激到味蕾。最重要的是，带皮冬瓜可以让冬瓜煮很久也不会散架、走形。

这世间，没有无缘无故的爱，却有很多没来由的偏见，对事如此，对人亦是如此。很多时候，偏见因为某种不可知或不可说的理由被种下，有些随着年纪和阅历的增加，慢慢消除；有些，却根深蒂固，蒙蔽双眼，无法抛开。

冬瓜只是寻常食材，它没有感知也没有心，人类对它爱与不爱，自然无甚关系。只是，经历了人生的喜怒哀乐后，如今的我，再看着这碧绿欲滴、圆圆滚滚的东西，心中不由多了些怜爱，多少人如我，对它心怀偏见，误解多年？又有多少人，能抛开自身的误解，了解它，懂得它呢？

所谓高山流水，知音难觅，大致就是如此吧。

7 来场宾主尽欢的盛宴

看到一篇文章，标题忘了，讨论的是要不要让客人在家中留宿。评论区爆满，赞成让客人留宿的，与坚决反对此举的，几成互相诋毁之势。

既是客人，主人就有招待的义务，如何招待，则见仁见智。

1847年，英国。在一次聚会上，安徒生认识了比他年长7岁的文坛巨星狄更斯。两人互相欣赏，惺惺相惜，之后开始了亲密的通信联系。

1857年夏天，安徒生受邀前往狄更斯家做客，计划待上两个星期。可他住进狄更斯的盖兹山庄后，立刻为这里迷人的美景和富足的生活所倾倒，不顾主人全家的感受，住了整整五个星期后才心满意足地离开。

狄更斯全家还没来得及喘口气，又发生了一件让他们瞠目结舌的事：在《本特利杂记》杂志8月号上，安徒生发表了文章讲述他在盖兹山庄做客的经历。

狄更斯对这次邀请后悔不迭，之后再也不想跟安徒生来往。

1870年7月，狄更斯去世。安徒生在日记中写道："9日晚，查尔斯·狄更斯去世了，我是在今晚的报纸上看到的。我们永远也不会在这个世界上相见和交谈了，我再也不会听到他为什么不给我回信的解释了。"

家是私人领地。即便住所宽敞，条件便利，让客人留宿也有将隐私曝光的危险。对于主人来说，这是一桩不大不小的考验。

相较而言，仅仅在家中请客吃饭、小聚半日，则要轻松得多。

可是且慢！先说一个故事。

英国作家毛姆在他的短篇小说《驻地分署》中写了两位性格迥异的同事。婆罗洲某驻地长官是一名老于世故的英国绅士，虽然已与本土上流社会隔绝，但在殖民地仍以他独特的方式保持着与旧生活的联系，其中一项就是吃饭与请客。

他即使一个人吃饭，也会穿正装来到餐桌前，也要求被他邀请来住所共进晚餐的助手穿戴整齐，他认为这不仅仅是礼貌的表现，更重要的是，他打心眼里认为，这是维持自尊和自豪感的好办法。助手是出生于殖民地的白人，最讨厌这些礼仪，对上司的做派深为不齿。于是，上司和助手之间的种种冲突，在第一次共进晚餐时便已开始，之后愈演愈烈，终于造成不可挽回的局面。

梁实秋多年前撰文说，所谓请客，是指在自己家里邀集朋友便餐小酌，至于在酒楼饭店呼朋引类，飞觞醉月，最后一哄而散的那种宴会，不提也罢。

但现在饭店产业兴旺发达，别说请客，日常果腹，去酒楼饭店也很寻常。至于朋友小聚，选个合适的餐厅，吃吃谈谈，既方便又随意，何乐不为？

除非彼此关系亲近，否则只要条件允许，请客吃饭还是放在酒店餐厅比较好。

诸如着装、礼仪等问题，餐厅的风格、定位、环境，会自动生成一个信息过滤器和发射器，客人赴约前便会接收到相应的信息。穿礼服去露天大排档撸串，或是穿吊带热裤去冷气充足的五星级酒店宴会厅，再迟钝的人（安徒生那样的，不是迟钝，而是活在自己的世界中），也会不自在吧？

亲近的朋友，请他们吃饭，可邀至家中。因彼此了解，深知对方的脾气、性格，宾主可随意聊天，可以争论、调侃。最重要的是，客人吃到的每一口食物，都是主人亲手做的，味道好坏先不去管，情意深浅，都在里面了。

我想了想，这些年来，我经常受邀去谁家吃饭，又经常邀请谁来我家吃饭，程小玉都占据首位。

有一回玉值夜班结束，在回家路上，给我打了个电话，我很想跟她聚聚，便邀她下班路上在我家附近的地铁站下车，过来吃顿饭再回家。

她一口答应，顺便问了问我家附近的地铁站名。

玉来过我家多次，竟还要问我地址，也是够糊涂的了。至于我跟她为什么会变成好友，固然可找出不少原因，概括起来却只有三个字：合得来。

要知道，成年后在认识的人中选择朋友，跟小时候完全不同。少女时代，两个女孩一起做功课，放学同路回家，分享一袋零食，也许就成了一对无话不谈的闺密。那时的闺密具有某种命定的因素。成年后的友情就带有几分冲淡的味道，合则聚，不合则散，能够一直走下去的人，几乎跟自己的亲人一样重要。

放下电话，我开始设计午餐菜单。玉不是好糊弄的人，她家有大厨，随便端出来的，都是一桌盛宴。再加上此人比较爱吃，虽不挑剔，但嘴巴很刁，轻易即可分辨出食物的等级。

时间仓促，来不及出门大肆采买，只能有什么做什么。我从冰箱中取出一块梅肉，解冻后精心切成薄片，用各种调味品混合在一块儿，做出我的秘制调味酱，将肉片腌制。

余者如蔬菜、小食、红酒、主食之类，全部拿出来，灵感一闪一闪的，各种奇妙搭配，信手拈来。

一切准备就绪，玉还没到。我正纳闷，门铃响了，她一进门就说她提前两站下了地铁，都怪我报错了站名。

"还好我很聪明，问了问别人，搭一辆公交车直接到小区门口。"

她笑我连自家附近的地铁站名都会报错，我鄙视她来过我家多次还要问路。随后我们搬了两个小板凳，坐在厨房的小几旁，用一只电饼铛烤肉，吃吃喝喝，非常开心。

这是一顿便餐，也是一场盛宴，话题散漫，但都跟彼此相关。赞美或戏谑，均无关紧要。醺然漫谈，笑声不断，杯盘狼藉，尽兴而散。

自那次之后，我发现自己在烹饪上潜力很大，想来一场宾主尽欢的盛宴，似乎没那么困难。我们有很多被称为朋友的熟人，但只有真正的朋友，才算得上心中的贵宾。对于主人来说，贵宾驾到，自然满心欢喜，心甘情愿，随手就能做出佳肴。

8　有关猪油的暗黑系童话

　　我的童年读物《格林童话》，阅读体验既困惑又刺激，特别是黑森林里那些植物，人类稍不留神吃了它们，就会变成小动物。可怕！

　　《偷油吃的猫》则是例外。这篇格林童话是我哄人的宝物，讲的人绘声绘色，听的人喜笑颜开。

　　《偷油吃的猫》，我通常会将它改名为《猫和老鼠是一对夫妻》，有时又叫它《猫和老鼠藏了一罐猪油》。

　　猫的嘴巴很甜，他哄着老鼠跟他同居后，两人买了一罐猪油藏在教堂的祭坛下，预备过冬。猫一心惦记着那罐猪油，借口有人请他给小猫做干爹，前后三次，将猪油偷吃精光。他甚至连谎言都懒得编好一点儿，直接告诉老鼠，那些子虚乌有的小猫，名字分别叫做"去了皮""去一半""一扫光"。可怜的老鼠面对事实恍然大悟时，饥饿的猫"啊呜"一声，将老鼠吞进了肚子里。

　　当我炼出一搪瓷缸猪油，看它凝结成膏时，我常会想到这个故事。想象猫是如何吃掉一层猪油皮，如何吞下半罐子猪油时，

画风就变了——猪油，变成了奶糕。

猪油还是太腻了，用奶糕搅和的糊糊，香甜可口，形态和色泽都接近于半凝固的猪油。如此替换，的确非常合适，但我如此联想，应该还有更多原因。

我初中同桌是个天赋极高的女生，不做功课，不写作业，功课却极好，绰号"懒猫"，你若这样叫她，她还会扮个鬼脸，"喵呜"一声回应你，十分可爱。同桌家跟我家住得不远，我若是不骑车上学，放学时会跟她一块儿回家。

路上有家副食品商店，店里有奶糕出售，同桌买一包，当场撕开，递给我一块，她自己一块，"咔嚓咔嚓"啃了起来。

奶糕，要加水碾碎，在微火上搅拌成糊糊。我妹妹婴儿时经常吃这个，我嘴馋，奶锅底部残留的奶糕糊糊，通常会被我用金属汤匙刮下来，送进嘴巴里。

原来干吃也不赖，干、香、甜，吃不腻，还饱肚子。

对奶糕的印象就这样定住了。"懒猫"留给我的印象，也跟她和我分吃奶糕的场景合为一体。有一天我想到她，想到奶糕，便向爸妈撒娇，闹着要吃这一口，果然，某日收到的包裹里，多了两包奶糕。

回忆是骗人的。一模一样的奶糕，干吃，或加水搅成糊糊吃，都只能就着回忆勉强咽下。

相比之下，猪油给人的印象很是牢靠。小时候它是滑腻的、喷香的，长大后还是。

但我对猪油，其实并没有太多的好感，对不少人津津乐道的猪油渣也缺乏兴趣。

住在武昌时，有个小朋友经常吃葱花盐炒饭，吃完一碗，会将碗底亮给大家看，油光光的，以证是猪油所炒。有些大人会在猪油渣上撒了盐，当零食分给孩子吃。对此我一概不喜，并对他人的沉醉之态深感困惑。

同时我也对《格林童话》中的那则故事产生了困惑。

喜欢这篇《偷油吃的猫》，只觉得好玩好笑。人人痛恨的老鼠竟然这么傻，蠢到会跟自己的天敌共同生活，并相信对方的鬼话。真是活该！

猫会捉老鼠，猫的形象是可爱的，所以，猫撒谎、猫不讲信用，猫吃掉了视他为朋友的老鼠，都是可以原谅的。

其实，《格林童话》多是这样的暗黑系。不仅仅是这篇《偷油吃的猫》，另外如耳熟能详的《莴苣姑娘》，也让人细思极恐。

莴苣和王子的爱情故事听上去很凄美，却完全经不起推敲。

比如，莴苣姑娘和女巫教母的关系。女巫把莴苣姑娘关在高塔上，让她过着与世隔绝的生活，得知莴苣跟王子私会后，女巫的反应是立刻把她赶到荒野上过着凄苦的生活。这跟妓院的老鸨有什么两样？好不容易养大一个色艺双绝（莴苣挺会唱歌，头发如金丝，又密又长）的女孩，等着赚大钱的，谁知如意算盘拨得响，却毁在一个莫名其妙的男人手里。

　　再说莴苣本人。这妞儿见到生平见过的第一个男人之后，从害怕到愿意跟他走，理由很简单：王子会说甜言蜜语。莴苣认为王子会比教母更喜欢她。没见识的女孩就会做出非此即彼的选择，结果可想而知。

　　王子也是一个可疑人物。莴苣被赶出家之后，生下了一对双胞胎孩子，过了几年才跟瞎了眼的王子相遇，还用自己的两滴眼泪救了他。莴苣遇到的是王子吗？连自己喜欢的女人都没法保护，不仅让她怀了孩子，还害她被赶出家门，过着凄苦不堪的生活。王子被人痛打一顿扔到角落里，失踪几年了，家里人也没想着去找他，而他只晓得哭着在森林里转悠，最后还得靠莴苣搭救自己。这是王子还是小白脸？

这样的故事，结局竟然是从此以后他们过着幸福美满的生活，直到永远。

格林童话的结局一模一样，潦草敷衍得连一个字都懒得动脑筋去想。

见识渐多，包容心越强。这世界并非只有黑白两色，态度也不仅仅是喜欢和厌恶两种。就像我幼时不喜油腻物，肥肉不沾一缕，对猪油也兴趣寥寥，大概是岁数太小，味蕾和消化酶都还没完全长好的缘故，无法体会肥腴之美，自然不能理解他人对猪油的迷恋。

渐渐接受了猪油，但买回猪板油，在家中炼油，还是近些年才有的事儿。

将板油用温水洗净，再用冷水冲一遍，切成小块，放入锅中。通常我会加点水，防止炒煳；加点儿姜片和几颗花椒，驱散油腥味。大火炒热后改中火，眼看板油块缩小、变黄，油水汪出来，就该把火调得再小些了。这样麻烦地调整火候，炼出的猪油凝结后才能呈现出白雪一样的颜色，味道纯正，没有火气。

猪油在20℃左右就开始凝固了，在观察猪油凝结的过程中，

我再次找到了它和奶糕的相似处。

猪油从液态到固态，颜色是慢慢变白的。当它还处在能缓缓流动的状态时，颜色和形态都跟奶糕搅拌成糊糊时非常接近。

…………

维持这种状态的时间，不短也不长，刚好够我温习一遍《偷油吃的猫》。

炼油剩下的猪油渣，我也不会马上扔掉。青菜、大白菜（黄芽菜）与之同炒，味道都很不错。

若是有心要用猪油渣做菜，炼猪油之前可将板油整理得更清爽些，去除筋膜，切成丁状，倒出炼好的猪油后，将油渣再炒焦些，使之口感更加酥脆。

猪油渣炒饭，配以葱花、细盐，偶尔吃吃，比蛋炒饭有趣。

猪油在我家主要用于炒青菜。

蒸鸡蛋时也用，蛋蒸好后，舀一小勺猪油搁在蛋羹上，眼看它慢慢融化，再浇上一小勺生抽酱油。这样一碗鸡蛋羹，蛋香、猪油香、酱香融合得完美妥帖，既简单又丰富，吃的时候，会感动。

每年春节前，我得准备一搪瓷缸的上等猪油，用来做八宝饭。糯米蒸熟，要用白糖和猪油拌匀。装碗时也需要先在碗底抹上一层猪油，再铺干果蜜饯。我家人爱吃甜食，一次总要做上好几碗，用料十足，口感对味，远胜超市、菜场卖的半成品。

猪油的好，自然不止我说的这些。为此我百度了一下，度娘告诉我们，猪油的妙用如下：

1. 蒸馒头的发面里揉进一小块猪油，蒸出来的馒头膨松、洁白、香甜可口。

2. 煮陈米时，加点猪油和少许盐，煮出来的饭松软、可口。

3. 铁锅洗净擦干，再涂点动物油抹匀，可防止生锈。

4. 不穿的皮鞋，擦上点动物油，置于阴凉干燥处存放，可使皮鞋光洁柔软。

5. 可以当作润唇膏。

6. 北方寒冷的冬天，气温零下15℃以下，一般的面油基本上没有用处，将猪油融化涂在脸上，冷风吹硬了之后有极好的保温效果，而且也不会有戴面具的感觉。

最后这一点，老实说，我是不大相信的。

9 爱到黄油融化时

我很晚才开始接触日本小说，绝大多数都是从图书馆借来看的，看到喜欢的会去京东或亚马逊买一本回来，以便反复阅读。《挪威的森林》就是这种情况。

说来好笑，我当初匆匆看完这本书后，印象最深的是这样一段对话：

"喜欢我到什么程度？"绿子问。

"整个世界森林里的老虎全都融化成黄油。"

整个世界，森林，老虎融化成黄油。实在是太动人了。村上君，你很会讲情话呀！

老实讲，看到这段话时，我特别兴奋。理由么，且听我道来。

喜欢和爱，是不一样的。爱是love，喜欢是like。说"我喜欢你"，可以脱口而出；说"我爱你"，总有些害羞。那么用英文说吧！I love you。实在不行，可以用谐音来表达："爱，老虎，油。"

全世界的语言中，"爸爸妈妈"的发音都非常接近。可是你看，爱情的表达，好像也是相通的呢！

不过，说到黄油，我接触它的历史却很短。

买了烤箱之后，我网购了大块的黄油放在冰箱里。第一次做面包是在冬天，我搜到一款老式面包的做法，从文字描述来看，极像我读书时在校门口小卖部买的铁力发——一种内部组织像云絮般，可以一丝丝剥开的面包。

互联网可以让人轻易获取想要的绝大多数信息，比方说老式面包的配方和具体做法，但实际操作起来比我想象的要困难得多。

老式面包要二次发酵，第一次发酵完，要将面团和室温软化的黄油糅合在一起。手与面团、黄油接触时的声音"吧唧吧唧"的，黄油渐渐融化，在揉面时，偶尔会有一两点黄油珠子溅到我的小棉袄上，厨房里弥漫着一股冷黄油的古怪气味。

这一步操作，让我对网上得来的资讯产生了怀疑——糟糕的体验！会不会是网友的恶作剧？

中途放弃总是不甘心，我还是决定走完所有程序。面团开始变得柔顺，黄油一点点浸入面粉孔隙，用力摔打、揉捏，一个钟头之后，面团达标：揪住一块面轻轻一拉，面团如一层膜，延展开来。

分割，整形，把六份小面团搓成一米长的细条，对折后扭成麻花辫状，再盘成一团表面有五个辫子的圆，放在涂过色拉油的烤盘上，等待它们膨胀成两倍大的体积。

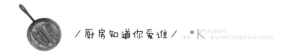

时光缓缓流逝。黄油香了，面包特有的香味也飘满房间。打开炉门，取出面包，趁热撕开一块送进嘴里，吃的是自己亲手做的老式面包，脑子里想的，却是以前吃过的铁力发。

某年寒假前夕，为了提前一两天回家，全班同学自发在制图室熬夜画图。不知谁的创意，制图室的夜宵标配就是白开水配铁力发。那两天校门口的小卖部生意爆棚，铁力发面包卖到脱销。

冬夜寒冷，没有任何取暖设备的制图室里却很暖。铅笔在绘图纸上划过的"沙沙"声，打开热水瓶时升腾的热气，铁力发老式面包绵软的口感，以及那时我们清亮的眼神，都刻在了我的记忆里。

如今再吃这道点心，滋味依旧。唯一遗憾的是，我的双手虽然用温水和洗手液洗过好几次，揉面时沾上的冷黄油味儿依然顽固地附在手上。必须换个大点儿的烤箱，我想，还有，得买台面包机帮助揉面。

冷黄油沾满双手，终究不是愉快的体验。

我对黄油融化的现象会产生温柔情愫，得归功于一道品质上佳的点心——冰火菠萝油。

新出炉的菠萝包，切开，嵌入刚从冷藏室取出的不厚不薄的一片黄油。黄油在温热的面包中从硬到软，缓缓融化，却又没有完全走形。这时将它送入嘴里，滋味美妙，难以言表。

我强调了"品质上佳"这个定语，是因为最近吃到的冰火菠萝油都没让我满意。

上次去某茶餐厅，看菜单，冰火菠萝油竟是老价钱，我很是意外。待到实物上了餐桌，方才恍然大悟。从前的大个儿菠萝包，这回像普通肉包子那般大，黄油也相应变小。

至于味道，第一眼就对迷你型菠萝包有所抗拒，嘴巴自然会变得挑剔：菠萝皮不够酥，面包不够软，黄油冻得太硬。这迷你型冰火菠萝油，小家巴气，没半点冰火撞击时的"嗞嗞"激情，活像捉襟见肘百事俱哀的贫贱夫妻。

尤其是未能及时融化的黄油，落肚后简直像进了冷柜，冻成石头，堵得人难过。

这道潦草的、有形无神的冰火菠萝油，很像发生在我友晓卉身上的一段旧事。

晓卉是剧迷，前些年追美剧、英剧，最近追韩剧，但在20世纪80年代，她跟我一样，最迷的是港剧，知道港人迷恋下午茶时间刚出炉的菠萝包，错过这个时间，菠萝包就不好吃了。

那时晓卉才15岁，正是情窦初开的年华。她喜欢上班里一个叫阿延的男孩，满腹心事无人倾诉，全都写在了一本日记里。遗憾的是，晓卉选择了一本封面漂亮装订质量却很差的簿子，两页散落的日记被某位莽撞的同学捡到后，晓卉暗恋阿延就成了公开的秘密。

阿延自然也知道了。他没有因此疏远晓卉，却采取了若即若离的态度，使得晓卉深陷其中，越发不能自拔。

高中毕业后，这事儿也就不了了之了。多年过去，有一天，晓卉忽然接到阿延的电话，并跟他见了两次面。

时隔多年，阿延早已不是当初的清瘦少年，即使是，也不再是晓卉迷恋的异性类型。所以，晓卉委婉却坚决地拒绝了阿延突如其来的追求。事后，晓卉从老同学那儿得知了阿延的想法。

阿延说："晓卉变了，非常有魅力，落落大方！坦白说，我立刻动心了！想到她曾那样喜欢我，而我居然会错过她，我更加激动！可是，晓卉却告诉我，她跟我只是普通同学的关系。她是不是故意摆架子，报复我当年的冷淡？"

阿延不算自负，知道爱过他的女人不可能在原地等他，但他总觉得两人之间可以从头再来，反正都是单身，他的条件又不差。最重要的是，在最年轻的岁月中，他和她，曾有过那样温暖的一段。

关于青春的回忆，总是有温度的，暖到整个世界森林里的老虎全都融化成黄油。可是，错过就是错过。村上春树欣赏的作家菲茨·杰拉德曾写过这样一句话：

"这世上有成千上万种爱，但从没有一种爱可以重来。"

送给阿延们。

10　腊肠里的流年

有一次去浙江的工厂开年会，晚上全体员工聚餐，别的菜都不稀奇，其中一道香肠，是镇上人家自制的，我吃了许多。

这里说的香肠，其实是腊肠。腊肠一定要自制的才好吃，市面上大量售卖的，徒有其形，口感、味道都像是另一种食物了。

我的父母也做腊肠，但我小时候从未亲眼目睹他们做腊肠的过程，往往是第二天清晨我起床，脸盆里已堆满爸妈连夜灌好的腊肠。

第一次观摩自制香肠，是在小姨家里。小姨把肉切成片放进一只很大的搪瓷脸盆里，放入各种调料，揉拌均匀。将一只大的可乐瓶子从距离瓶口三分之一处剪开，倒过来就成了一只漏斗，瓶嘴连着洗得干干净净的肠衣，广口部分用来灌肉。一根肠衣灌好，头尾用绳子系上，每隔十厘米左右，也用细绳扎紧，将一根长长的肉肠分隔成数段，一串腊肠就算是完成了初步制作。接下来让它们在盆中搁置一天半日，让肠肉在肠衣中结合得紧实一些，就可以晾晒出去了。

自制香肠，看上去不难，做起来却很费工夫。过去没有绞肉

机，没有自动灌香肠的机器，所有活计，全靠一双手做出来。然而进入腊月，家家户户都这样忙起来了，灌制香肠、腌鱼腌肉、炸猪耳朵……过年的味道，在这样的忙碌中，越来越浓。

但我小时候并不喜欢过年。

我不爱过年时的种种规矩，不爱到处拜年，不爱饭桌上千篇一律的菜肴，不爱听大人闲话家常，不爱听麻将声，不爱跟小屁孩们混在一起……为了掩饰我对世俗的不屑之态，我总是随身带本书，窝在角落里看下去，混过正月里的一天又一天。

人是会变的。小时候只嫌时间过得太慢，认为人情世故是虚伪、客套，认为年节假期和所有与之相关的仪式，都没有必要。然后，不知从哪一天开始，像坐上了快车，时间如车窗外的景物，快速流走，令人心惊。节气、节日，与之相关的一切事物，都成了站台上的风景，美不美还在其次，重要的是，它们能让时间快车暂停、变缓。

冬至过后，菜场上空就被香肠占领了。一长溜的肉铺，每家都可以现场灌制各种风味的香肠。北京风味、南京风味、广式的、麻辣的、大众口味的，还有人声称能做我家乡武汉风味的香肠。

有一年，我在菜场灌过香肠，买上十来斤夹心肉，老板把切成块的肉细心洗了三遍，绞成肉片，放在大面盆中。用计算器撅好盐、糖、味精、五香粉、白酒等调味品的用量，再一一在电子秤上称好混进肉里。将长长的肠衣在自来水龙头下冲洗好，套在专用的灌肠机器口子上，然后，随着一阵阵机器发动声，夹心肉已然成了肠中之物。

这与我小姨当年灌制腊肠的过程是一样的，有了机器帮忙，整个制作过程从几小时缩减为45分钟，简单、高效。回家后，我把它们晾在阳台上，一挂挂的，立刻就有了些过年的味道。我拍了照片发给爸妈看，虽然知道是在外加工的，父亲仍

夸我能干，母亲则批评我先斩后奏，对当年不必给我做香肠表示不满。

通常情况下，父母亲每年都会帮我做好香肠寄过来，此外还有腊肉腊鱼腊鸡，满满一麻袋，从腊月吃到次年五月都吃不完。

有一年，我又去菜场做了十几斤香肠。因为年底父亲大病一场，母亲要照顾康复期的父亲，她的身体也不够好，我实在不能让他们太累。一贯喜欢硬撑着要为我做这做那的母亲，这次竟乖乖地听了话，让我又欣慰又心酸，跟上一回自制香肠时的心境，完全两样。

除了香肠，那年我还做了酱肉，腌了腊肉。

第一次做酱肉，还是租住在罗秀新村时。天寒地冻时节，小区里家家户户的窗台上都挂着黑乎乎的酱肉。我虽不眼馋，却想凑个热闹，于是去菜场买了几条夹心肉，又买回两大瓶老抽酱油和一斤砂糖，将它们在大搪瓷缸中搅拌均匀后，便将洗好吹干的夹心肉扔进去，浸泡三日后晾出去，只等晾干吹干。如此粗陋的炮制方法，能得到怎样的酱肉？想想就够了。

后来我改进了酱肉的做法。首先是选材，选择梅肉要胜过夹心肉、五花肉或腿肉。其次是腌制的酱料，除了老抽和白糖，还要有生抽、黄酒、甜面酱，其他如姜片、八角也要根据自家人的口味来添加。这些酱料要煮开后放至完全冷却，再将洗好吹干的梅肉放入腌制，每天要翻面，三日后再晾出去。

等到晾晒得差不多了，我就将它们收进来，用保鲜膜封好，放入冰箱冷冻室里，食用时再取出来。

先蒸后切，黑乎乎的酱肉如同卸去伪装的俏娇娘，风韵卓绝。

腊肉我是头一次亲手腌制，没有百度，也没有询问父母关于它的具体做法，成品竟神奇地接近我从小吃惯的味道。

我激动地打电话向他们报告这件事，父亲淡淡地说："腊肉么，总不是那个味儿！"母亲的语气则有点儿像撒娇："是哟！你心里想吃我们做的腊肉，所以就做出了爸爸妈妈做的味道。"

我在电话这头傻笑。是这样吗？从小耳濡目染，那些喜欢的菜的做法，早已烂熟于心，在脑海中演练多次，一旦实际操作，成功率必然极高。

也许，家常美食的传承自有玄机，即便隔着时空，也因着某种神奇的联系，自然而然就能传递下去。

由此我想到一件事。经常有人问我讨要一道菜的配方和烹饪秘诀，我有时会耐心告之，有时懒，回复只三个字：网上搜。

没有好的配方和详细的烹饪方式，做不出美食佳肴。在资讯发达的今日，你想要什么资料，得到它们都不难。可是，一道菜到底做得好不好，对不对你的胃口，却有很多技术之外的因素。

厨房艺术，是极具个性化，极难复制的艺术。情绪、耐心、灵感，与每一刻的空气、阳光、温度、湿度都有着微妙的关系，以至于同一个人，同样的食材，同样精确到秒的烹饪程序，都会得出不一样的食物。

有时，随着时间的流逝，对一种食物的确切味道已经忘记，却怎么也记得当时尝到嘴里那种无法言喻的满足和幸福。蔡澜先生曾经写过，如果问不同国家的人什么菜最好吃，大约都说是自己妈妈做的菜最好吃；如果问同一道菜式谁的做法更好吃，大约他们会打起来，因为每个人都觉得只有自己妈妈的做法最好吃。

很多时候，一样食物，好不好吃，已与食物本身无关，有关的是当时的心情和陪你一起吃的人。

如同我永远觉得，最好吃的冰棍是绿豆白糖冰棍，最好吃的冰淇淋是有个娃娃头的奶油冰淇淋，最好吃的肉包，是放学后回家，溜进厨房偷拿一个一口吃掉一半的肉包……

如今我知道，时间流逝的速度是一样的，过去、今天、未来，每一分，每一秒，不会多也不会少，我却还是觉得，从前慢。

Part
2

唯真爱与美味
不可辜负

没有一种魔法能穿越时空，
我们只能在他乡的味道中不断尝试，
只希望从陌生的味觉中，
找到一丝似曾相识的味道，
哪怕，只是一丝，
对离乡的人，已是莫大慰藉。

1 霉千张，唯真爱与美味不可辜负

大学室友梅子，因年长我们一岁半岁，说话声音悦耳，语速快，为人又特别可亲，像只可爱的小喜鹊，我们便管她叫鹊姐姐。

既叫了姐姐，我们这帮"妹妹"就得了撒娇的权利，总喜欢在她跟前撒娇发嗲，然后借机请她帮我们做点活儿。

怎么发嗲呢？我们腻在她身边，把自己碗里的菜喂给她吃。有时候她真的就这么尝了，有时候会嫌弃，换上自己的调羹吃。

只有一种情况她会干脆拒绝，那就是让她吃"菽"。

稻黍稷麦菽，菽是大豆，也是豆的总称。鹊姐姐声明，她不吃一切豆类食物，从毛豆、黄豆、赤豆到豆腐、豆浆、绿豆糕。我问她理由，她想半天，说吃了爱放屁。

无独有偶，前几年遇到一小姑娘，对豆类也有所挑剔：凡是"豆"字在前面的东西她吃，如豆腐、豆干、豆芽等；凡是"豆"字在后面的她不吃，如扁豆、刀豆、发芽豆。

我觉得这样分类并不科学，比如豌豆黄、红豆糕、绿豆糕，"豆"字在中间，她到底吃还是不吃？

总体来说，我算得上爱吃豆制品的人。千张、油豆腐、豆腐干、豆腐、豆腐脑、豆浆，我都爱。

有阵子对老豆腐有点着迷，那种带着浓浓豆腥味的老豆腐，切块后用水煮过，滤掉过多的腥味，摊凉，用油煎得黄黄的，再加一点炒过的嫩韭菜和一点蒜蓉辣椒酱，趁热吃，可以配一大碗白米饭。这道菜，简单价廉，据说蒲松龄当年经常吃。

嫩豆腐我也爱吃，做汤，做麻婆豆腐、肉末豆腐，口感如咸味布丁，一口口吃下去，都是享受。

至于豆浆，我喜欢豆浆配油条吃。我爱吃油炸食品，就是不喜油条，嫌它干而无味，直到有一天学人样儿，拿它泡在豆浆里，泡得酥软，油条的滋味丰美起来，令人刮目相看。

买了豆浆机之后，就极少在外面买豆浆了。跟豆浆比起来，我更爱吃豆腐脑，极嫩极滑、洁白细腻的豆腐脑，盛在木桶里，用薄如刀片的器物片一块，再片一块，碗里就满了。加一勺白糖，是甜豆花；加酱油、辣油、榨菜丁、葱花等各种调味品，是咸豆花。

对于网上吵闹不休的咸甜豆花之争，真正热爱美食的人，是不会去起哄的。怎样都行，怎样都可以试试。

爱吃豆制品的人很多，但像我一样爱吃霉千张这种豆制品的人，我还没遇到过，因此想特别介绍一下。

霉千张，是把经过窨浆水（生产豆腐的下脚水）酸化的千

张卷成筒子，发酵霉制而成。下江人管千张叫百叶，北方人管它叫豆腐皮。千张皮有厚有薄，做霉千张得用厚的。

新买回的霉千张上布满茸茸白毛，那是蓬勃生长的白色菌丝。它们看上去像一只只巨大的毛毛虫，且散发出极怪极臭的味道，容貌丑陋，气味恶劣，因此为很多人所不喜。只有吃惯的人，才能识得其中真味。

将霉千张用水冲洗干净，洗掉白毛，在案板上把一筒千张切成半厘米厚度的圆片，准备点碎碎的干的红辣椒，好了，可以烹制美味无双的霉千张了！

油适量，把霉千张放在锅里，用小火煎，不要急于翻动，待到咸香的味道已飘散开，再把它们翻个个儿。啊，金黄酥脆，把干辣椒搁进去吧，再过一会儿，就可以起锅吃了！煎得两面黄的霉千张哪里还有什么臭味？香得特别，香得馥郁，简直是下酒妙物，搭配啤酒、白酒、红葡萄酒均可。

毛毛虫一样的霉千张，羽化成蝶，在食客的舌尖翩翩起舞。这番滋味，妙不可言，只有爱它的人，才能领略其精彩。

我自到上海后就难得有机会吃到它，唯有回武汉时才能解馋。熟知我这一癖好的父母，必然会让我一回家坐在餐桌前就吃上这道专属于我的美食。见我有滋有味地吃着，他俩总会打口仗。

妈妈说："怎么这样喜欢吃它？！不要全吃了，对身体不好吧？"

爸爸说："你做那么多，不就是给她吃的吗？难得吃一回，怕什么！"

有一次爸妈到上海来，乘火车前买了好几卷霉千张，用包装纸里三层外三层地包着，包得严严实实，再放进一个饭盒里，生怕在火车上泄漏了气味。那时，武汉到上海还没有动车或高铁，乘坐特快列车也有19个小时的车程。天热，两人不放心，唯恐特意为我准备的霉千张坏掉了，趁人少的时候，妈妈忍不住打开包装一角，偷瞄了一眼。

霉千张安然无恙，上下左右的邻铺可遭了殃，他们如临大敌，先是吸着鼻子闻，确定气味源，随即捂着鼻子和嘴巴，向手忙脚乱急于掩盖事实的我爸妈投去问询、怀疑、厌恶、谴责的目光，纷纷避向远一点的去处。

等到了上海，爸妈向我报告此事时，都有些难为情。爸爸责怪妈妈不该在封闭的车厢里偷看霉千张，妈妈承认她错了，但又强辩说："一人做事一人当！反正是我拿着这包东西，人家要讨厌，也只会讨厌我，跟你没关系。"

那天的霉千张并不算特别好吃，到底隔了一整天的时间，新鲜度稍微差了点儿，但我一口气吃光了满满一盘。一为解馋，二是觉得唯有如此，才勉强对得起这盘美味和父母的深爱。

我爱吃霉千张，恰如宁波人爱吃"宁波三臭"，广东人爱吃榴莲。有人闻之欲呕，有人却视为世之极香。我那样喜欢吃这东西，细细回想，却发现一个事实：除了吃现成的、香喷喷的霉千张，我本人从未买过、洗过、煎过这东西，一切全是父母双亲代劳。

这在当年的我看来再自然不过，想吃了跟妈妈说一声，当天或者第二天餐桌上就会出现这道味道特别的菜，多年以后，才发现这世上所有的理所当然都离不开深入骨髓的爱和关切。当深深爱一个人，不论他喜好的是哪一口，你自然会想方设法让它变成餐桌上的美味佳肴，至于食材本身是香或臭，已经不重要，看到他在身边大快朵颐，这食物大概也变成了自己心中的世间美味。

2 被利用的糕糕团团

夫妻相处，平淡时候多，浪漫时分少。中年夫妻尤甚。出门轧个马路，暂时忘记家中琐事，像谈恋爱一样过过二人世界，有时也是奢望。

小时候逢休息日，父母想去汉口逛逛街，我和妹妹理所当然地跟出去，路上还要闹闹别扭，争风吃醋一番，结果总是高兴而去，扫兴而归。不知从哪天起，我俩不再做跟屁虫，乖乖地待在家里做功课。近黄昏时，听到开门声响，我们就会扑过去，直接夺过爸妈手里的食品袋和拎包，翻啊翻，翻出各自爱吃的小点心送进嘴里。一天的等待，有了香甜、满足的回报。

懂事后才明白，父母亲聪明地"利用"了我和妹妹嘴馋的特点，换来他俩的一日悠游。

那些点心多数来自滋美食品厂和五芳斋餐馆。萨其马酥脆又有韧劲，手心大的芝麻馅饼咬一口落一地酥皮屑儿，菊花酥（其实是曲奇饼干）奶香浓郁、酥松香甜，不消大人提醒，我和妹妹也知道它价格较贵，一口一口，吃的时候格外珍惜。

但我最爱的，还是玫瑰糕、黄松糕、红豆糕之类的糕团。

我爱吃糯米糕团，始于这里。父亲也爱吃这些，但他吃得少，喜欢看我吃得香，又怕我不消化，总是叮嘱我吃慢一些。

　　后来，亲友们得知我要去上海生活，纷纷表示放心：你不能吃辣，爱吃甜食，又最爱吃黄松糕，肯定能适应上海的饮食，当心发胖哦！

　　不如概括为一句话：恭喜你，老鼠掉进米缸里。

　　黄松糕是我对五芳斋糯米糕团的统称，当年我爸妈带回来的，有黄松糕，也有玫瑰糕、赤豆糕、夹沙糕。

　　它们不是由纯糯米做成，而是配了一定比例的粳米或黏米，这样的话，口感不如纯糯米的细腻，糙一些，但跟纯糯米糕团相比，它们有一个最大的优点，冷了后，时间稍久也不会变硬。

　　热时很软，冷后变硬，年糕早就显示了糯米食品的这一特点。

　　传说伍子胥曾用糯米粉做成砖，用来砌筑城墙。他对吴国的未来忧心忡忡，叮嘱随从说："倘若我有不测，吴国受困，粮草不济，你可去相门城下掘地三尺取粮。"后来伍子胥自刎，吴国被越王勾践带兵包围，吴军困守城中，粮草断绝，随从记起伍子胥的话，召集邻里在相门城下掘地取粮，挖到城墙下三尺深时，发现城砖是糯米粉做的，全城百姓利用这些"城砖"，得救脱险。之后每到寒冬腊月，苏州人就准备年糕，以此纪念伍子胥。

　　糯米粉做砖筑墙？传说总是真真假假。不过，糯米年糕冷了后，确实非常坚硬，说它像砖头一般硬，也未尝不可。

我爱吃糯米糕团，却不爱吃年糕，或许就是嫌弃它的这一特点。

有样点心叫条头糕，外形细长如条，雪白糯米面里裹着香甜细豆沙，吃起来十分方便，一截一截咬下去，不知不觉就解了饥馋。我有一次买回的条头糕放了大半天，再吃时，只感到硬邦邦的，如同嚼蜡，暗忖也是糯米放多了的缘故。

鲁迅先生似乎是条头糕的拥趸。据夏丏尊在《鲁迅翁杂忆》里说，鲁迅自日本回国后在浙江师范学校教书，每晚熬夜，必备两样东西：条头糕和强盗牌香烟。香烟提神，条头糕解饿，每晚

摇寝铃前，由斋夫买好送进房间。

不知鲁迅先生所食条头糕，放久了会不会有冷硬之忧？

鲁迅先生的文章，严肃、辛辣，硬骨铮铮，但也能从字里行间看出丝丝温情，比如写到故乡的食物时，写到罗汉豆、蒸干菜、油豆腐，都极具地方特点，着墨不多，却很有味道。

脑补鲁迅先生夜晚一边抽烟，一边吃条头糕，香烟一截截短下去，条头糕也一截截短下去，不知怎的，竟觉得很萌。

相对而言，我最喜欢的糕团是双酿团。糯米掺其他米做的薄坯子是半透明的，像宣纸一般，晕染出一层深褐色，下面又隐隐透出一层烟灰色。深褐色是流动的豆沙，烟灰色是糖浆似的黑洋酥，豆沙和黑洋酥之间，隔着一层皮。

这就好比吃汤团，豆沙馅儿的，还是黑洋酥馅儿的，想吃到两种口味，总归要吃两个。而双酿团，一口咬下去，两种馅儿爆浆而出，感觉既肥腻又饱满，满足至极。

软玉温香抱满怀，怕也不过如此吧！我甩出这句话时，父亲嘿嘿一笑，母亲不高兴，怪我多大的人了还没个正经。

儿女大了，父母就老了。母亲腰椎不好，走不得远路。父亲天性好动，却只能遵医嘱在家附近慢慢活动。两老相伴闲逛，往往还要斗个嘴生场气，一先一后地回家。母亲嫌父亲不听话，走路太快；父亲嫌母亲总是说些扫兴话。

　　我与他们隔着几百公里，亦要在电话里听他俩投诉彼此，和稀泥，两头劝。次数多了，我有了经验，只要我言语温柔，像糕团一样软软糯糯地劝上几句，随后找个机会岔开话题，聊聊我自己的事儿，他们立刻会忘掉打电话给我的初衷，重归于好。

　　当年他们"利用"女儿嘴馋的特点换一日悠游，今日我"利用"的，是他们对我的爱。

　　这些伴随我们一路走来的糕糕团团，从童年的惊喜到成年后的回味，用它们独有的软糯和甜蜜牵起了我与父母间最坚韧的那条纽带，进而化成我与他们独特的相处方式。

　　而当年为了多点时间相处的父母，在我跟妹妹离家千里之外后，将对彼此的关心与爱化成了琐碎的唠叨和偶尔的拌嘴与牢骚，虽然他们说出来的，是对彼此的不满和投诉，在我眼里，却是两个童心未泯的老小孩变着法在跟我撒娇也对彼此撒娇，电话那头的他们，连每条皱纹里都藏着未诉的思念。

　　当年读鲁迅先生的文字，只能看到茴香豆、蒸干菜的美味，却读不出先生心里那段浓浓的乡愁，就像当年想着各种甜点奔向大上海的我，不会预料到多年后的自己吃着相同的黄松糕，却再也吃不出当年的美味与满足。

　　但这些甜蜜又晶莹的糕团，却也成了我此生的挚爱，咬上一口，那种心里和腹中同时满足的感觉，任凭其他美食，无法替代。

3 柴爿馄饨锅巴饭

大一还是大二的时候，室友刘宝宝带我去一家新开的广东点心店吃东西，店址似乎在武昌司门口附近。

我点了什么东西吃，忘了，但我记得宝宝点了一碗云吞面。云——吞——面，多有气势的名字呀！等到点心上桌，我俩都懵了。宝宝一本正经地对我说："广东人的云吞面，就是馄饨加面条。"

但你不能说广东的云吞和湖北的包面差不多，其道理同于不能将北方饺子跟南方馄饨混为一谈。

我对最普通的小馄饨情有独钟，而且还得是摊贩所售馅料不多的那种小馄饨。现包现煮的小馄饨从锅中浮起来，用大漏勺捞起，盛进一碗加了一坨猪油、撒了碧绿葱花的白汤里，端上油腻腻的小餐桌，撒点胡椒粉，再来一点点辣椒酱，用小汤勺舀起一只馄饨，汤汤水水一起送进嘴里，又香又滑，又热又鲜，吃起来特别爽。

我妈不属于生意人的啬薔。也是，一碗粉红的肉馅儿只剩下一点点了，你以为只够包两三只小馄饨，可摊主用一根扁扁的

木片刮一点肉糜，往薄薄的方形馄饨皮子上一抹，手指灵巧地一翻，"唰"一下，一只包好的馄饨就轻盈地飞进边上的竹簸箕里。一只又一只，馄饨如雨点般轻悄悄落下，那点儿肉馅，像被施了魔法一样，似乎永远也用不完。

我妈包馄饨舍得用料，一张馄饨皮里总会包进三倍的馅料，另外炖了骨头汤做汤底，为我煮一大碗，得意地命我吃下。滋味是鲜美的，但我不喜。馅料太多，如吃肉丸，汤水不宽，味道太浓，吃起来不够爽快。我提过几次意见，妈妈坚决不改，之后便不再提。

小馄饨的汤一定要清，一旦汤色混浊，别管你是鸡汤、高汤、海鲜汤，都会破坏小馄饨的轻盈之美。

小馄饨的肉馅也必须小，清代袁枚的《随园食单》里写小馄饨，只有一句："小馄饨小如龙眼，用鸡汤下之。"

这样一枚小馄饨，很容易滑入喉中，食者所要的，就是这份轻巧和美味。

有次在祥和面馆吃辣肉面，靠窗处坐着一对年轻男女，正对着我的是个模样很清秀的女孩。她很斯文，很注重吃相，点一碗小馄饨，用勺子舀了一只，却生生分了六次才把那小小的馄饨吃光。

看得我都快急死了。

可爱的女孩，可以是文雅的、羞涩的，但绝不是做作的。

20世纪90年代初，我开始读到林语堂的小品文，又通过他的文章，去追读了沈复的《浮生六记》。沈复的妻子芸娘，被林语堂称为中国文学上一个最可爱的女人。沈复在书中记录了他们夫妇生活的琐事，确实能让人深深感受到芸娘的可爱。

其中一段跟馄饨有关，我抄录如下：

苏城有南园、北园二处，菜花黄时，苦无酒家小饮，携盒而往，对花冷饮，殊无意味。或议就近觅饮者，或议看花归饮者，终不如对花热饮为快。众议未定，芸笑曰："明日但各出杖头钱，我自担炉火来。"众笑曰："诺。"众去，余问曰："卿果自往乎？"芸曰："非也。妾见市中卖馄饨者，其担锅灶无不备，盍雇之而往？妾先烹调端整，到彼处再一下锅，茶酒两便。"余曰："酒菜便矣，茶乏烹具。"芸曰："携一砂罐去，以铁叉串罐柄，去其锅，悬于行灶中，加柴火煎茶，不亦便乎？"余鼓掌称善。街头有鲍姓者，卖馄饨为业，以百钱雇其担，约以明日午后，鲍欣然允议。

明日看花者至，余告以故，众咸叹服。饭后同往，并带席垫，至南园，择柳荫下团坐。先烹茗，饮毕，然后暖酒烹肴。是时风和日丽，遍地黄金，青衫红袖，越阡度陌，蝶蜂乱飞，令人不饮自醉。既而酒肴俱熟，坐地大嚼。担者颇不俗，拉与同饮。游人见之，莫不美为奇想。杯盘狼藉，各已陶然，或坐或卧，或歌或啸。红日将颓，余思粥，担者即为买米煮之，果腹而归。芸

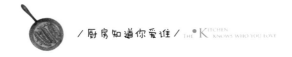

问日："今日之游乐乎？"众日："非夫人之力不及此。"

　　芸娘能想出雇一柴爿馄饨摊随他们一众人郊游赏花，既够浪漫，又够实用，她的执行力很强，有了主意，能妥善安排，最后令这一桩普通郊游，成为户外活动策划的经典案例。

　　可惜芸娘和沈复生不逢时，放到今日，以芸娘的才干和创造力，以沈复的文采，这对夫妇的生活决不至于常常陷于困顿。

　　我喜欢的摊贩馄饨，虽是用燃气做燃料，但跟柴爿馄饨的装备也是差不多的。"爿"字音同"盘"，过去流动摊贩在深夜里用旧木爿竹爿烧火，打着竹板叫卖，从而得名。一人、一副扁担或一辆三轮车，置办炉灶和货物架，最多再带几只板凳和小桌，就能做生意。

　　柴火烧的饭菜或馄饨，如今得去以此为特色招徕生意的农家乐，方才吃得到。

　　我上一次吃柴火饭的时候，大概还在上小学高年级。

　　因为房屋改造工程，我家临时搬到铁皮简易房里住了一阵子。几步远就是正在改造的楼房，灰尘扑面，铁皮屋内的各种家具包括床具，每天都要落上厚厚一层灰土，须得用塑料布蒙上，到了夜晚做好清洁工作后再打开来，方可睡觉。

　　各种生活不便，如今想来都很难过，唯有在铁皮房前的砖垒土灶上烧的饭菜，算得上那段生活的慰藉。

旧木竹片做柴火，焖出的米饭格外香，通常会结一层黄灿灿的锅巴。吃好饭，有时我们拿锅巴当餐后零食啃，有时爸妈在锅子里加点水煮锅巴粥，一人一碗，香甜、爽口，滋味很长。

这锅灶，也可做柴片馄饨，我却是很久以后才想到这一点。

柴片馄饨本是简单、随意的食物，但只要做子女的露出一丝渴念，父母亲就会当作大事来办。拌馅儿、炖汤、准备各式调味品，做上几大碗，巴巴地看你吃光。

以当时的条件，即便我想到了柴片馄饨，想来也不会提出要求吧？爱，是负担，也是体谅。

哈利·波特的魔法鱼汤

　　一道菜最香的时刻，有时并非它被端上餐桌时，而是在烹饪过程中。

　　饥肠辘辘的正午或黄昏，从厨房窗口飘出的饭菜香，伴随着锅铲与锅撞击时的声响，是谓人间烟火气、锅碗瓢盆交响曲。嗅觉在此时像恋人的眼睛，能轻易从气息中发现一道菜的优点，并将这优点放大。

　　我家以前有位邻居，姓王，爱吃水产品，经常买回一堆小鱼小虾，放在一只锅里烹煮。他做这道菜时很是享受，吸着鼻子，笑容满面。邻居们闻到空气中热腾腾的鱼腥气（或说是鱼鲜味），却会笑着交换一个眼神，摇摇头，以示对此做法的不解。

　　饮食癖好，纯属私事，旁人不便多言。王伯伯不是本地人，自幼在海边渔村长大，他家的鱼汤，通常还要加点土豆、豆腐之类的菜蔬同煮，煮得酥烂，一塌糊涂，但他说这样一锅汤，原汁原味，有肉有菜，营养丰富。

　　这锅鱼汤，多少有点怀乡之意。我后来看到一篇写普罗旺斯

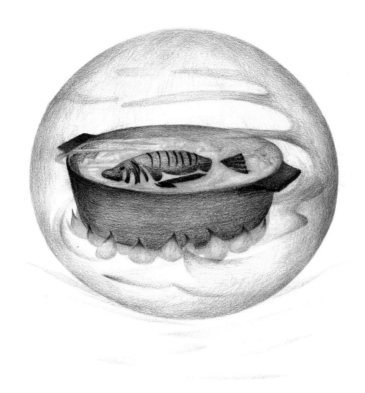

鱼汤的文章，除了将淡水鱼用海鱼替换，做法跟王伯伯的鱼汤很像。

　　普罗旺斯鱼汤又叫马赛鱼汤。在《哈利·波特》第四部中，霍格沃茨魔法学校要招待来自法国和保加利亚的朋友，也上了这道菜——法式杂鱼汤。当地渔民用卖剩下的小鱼小虾小贝壳煮汤，材料新鲜，做法简单，久而久之，就成了一道名菜。

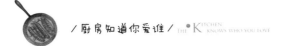

原材料好，随便怎样烹制，都有机会成为名菜吧？

湖北是千湖之省，盛产各种鱼类，湖北人擅长做鱼，即便是上不了大场面的小鱼小虾，用调味品腌一会儿后，在油锅里汆一汆，依我看，也算得上一道名菜。

有年夏天，我在武汉东湖的一家湖上餐厅吃饭，点了一篮子油炸小鱼小虾，鱼骨带鱼肉，炸得酥透，一条小鱼一口啤酒，简直停不下来。除了滋味不错，这道菜给我的最佳印象还在分量上。满满一小篮子小鱼小虾，尽显诚意。大伙儿不停地吃，吃到夜色已浓、酒意醺然，篮子里还有一层小鱼儿。

"鱼"和"余"同音，寓意吉祥。我喜欢满满当当的一篮子小鱼，也喜欢一大瓷盆子的鱼汤，最喜欢的是连锅端上桌的炖鱼。

我父亲是做鱼高手，无论什么鱼，经他之手，都能变成餐桌上最受欢迎的一道菜。我自诩厨艺不错，但在做鱼方面，只要老爸在场，我是不敢卖弄的。事实如此，难免还是要替自己争辩一番，我说自己技不如父，关键原因还在原材料上。

确实，一条不够新鲜的鱼，一条被污染的鱼，一条没有清理干净的鱼，任你厨艺再高，也是做无用功。最讨厌的是，被污染的鱼，未经烹制时是无法辨别的，只有做熟后，那些可怕的异味才会缕缕不绝地窜出来，提示你不能食用。

在鱼米之乡长大的人，对鱼的本鲜要求格外高。在一次次的失望之后，如今我已降低要求，试着去接受土腥气较重的淡水鱼。

材料一般，调味品和做法就显得尤其重要。

在鱼摊上买一条一斤半到两斤重的活杀鲫鱼，若没有，买其他少刺多肉的鱼也可。回家后将鱼清理干净，尤其要注意鱼肚子里贴着的那层黑膜。用手揭掉，或用小刀刮去黑膜，可知那就是一层积垢。

因是家常制作，首先考虑的不是卖相，而是制作方便，所以我将鱼头和鱼尾斩掉，只留鱼身。用刀在两面各划几刀，方便鱼入味。如此整理一番之后，用盐、黄酒、花椒、姜片腌制鱼身20到40分钟。

在腌鱼的过程中，可准备其他调味品和配菜。待到一切准备就绪，热锅热油，将腌好的鱼入锅煎至两面黄。煎鱼是个技术活，热锅热油是必需的，鱼身擦去水分也是必需的（免得溅出油花伤到自己），另外，入锅前在鱼身上拍层干面粉或干淀粉，抖掉多余的粉屑后入锅煎，可在很大程度上避免鱼皮粘锅。

取另一只锅，最好是平底锅，加少许油后，放姜丝、蒜头、干辣椒、花椒粒若干爆锅，放入煎好的鱼身，依次淋上适量黄酒、醋、老抽、生抽，最后加水炖煮。鱼熟后可放入厚百叶、金针菇、海带丝等配菜再煮一会儿，菜蔬熟后，连锅端上桌。

最近我常常做上这么一锅鱼，家人颇为捧场。一来二去的，我自信心爆棚，颇有青出于蓝而胜于蓝的得意，内心独白还得加上这么一句：管它什么产地的鱼，我都能做出好味道！

前不久去菜市场，忽见一摊档在售卖小鱼儿。我大喜，买了两斤，打算做油炸小鱼。摊主一边剖鱼一边同我聊天。"几只猫儿？""什么？""这些鱼不是买给猫吃的吗？"

我要昏过去！深吸一口气，稳住心神，假装淡定地向这摊主传授炸小鱼的做法，末了我总结道："炸酥一点儿，炸透一点，配上啤酒，边看电视边吃，今晚就用它宵夜。"

摊主笑着附和我，但我分明从他脸上看到了几分疑惑。

回家后我精心腌制小鱼儿，热情满满地起油锅炸鱼……老实说，在准备这道菜的过程中，我已明白了摊主的疑惑：这种鱼，恐怕只适合做猫粮。

同样是小鱼，形状也很像我在东湖边吃的那种，只是身体稍扁平一些，鱼身略宽一点点，身上的刺也要硬一些，很难炸酥。

总体来说，这一大碗油炸鱼，形似我家乡的小鱼儿，味道也相

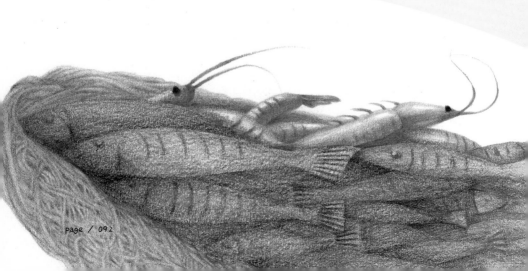

差不多，吃起来的感觉却怪怪的，好像是同一道菜，又好像不是。

突然间，我的脑子里出现了旧时邻居煮的那锅小鱼小虾汤，好像明白了那位邻居王伯伯当时的心情。身在湖汉纵横的他乡，他仍深深怀念着故乡渔村的那一碗鱼汤，所以会想尽办法，用能找到的一切材料去尝试。味道好不好并不是重点，在他心里，那种不断寻找，又不断尝试的过程，大约是最能接近故乡的。这一点，所有曾离乡背井的人应该都能体会。这也是在每个大城市，主打某个地方特色的餐厅生意都不错的原因。

是的，我们不是哈利·波特，我们也无法生活在一个充满魔法的世界里，即使记忆中留恋的一切再美，我们也无法永远生活在那个充满爱和温暖的记忆中的故乡。生活一直在继续，我们一直在长大，没有一种魔法能穿越时空，也没有一碗鱼汤跟我们从前喝过的一模一样。我们只能在前行的路上不断寻找，在他乡的味道中不断尝试，只希望从陌生的味觉中，找到一丝似曾相识的味道，哪怕，只是一丝，对离乡的人，已是莫大慰藉。

对我而言，这一碗油炸小鱼，大约就是哈利·波特的那碗鱼汤，来自魔法世界，即使味道似是而非，也让我从嘴里满足到了心里。

5 热干面，流淌在血脉里的热辣

我们国家地广人多，语言天才也多，肯下功夫、后天习得各国语言或各地方言的，也大有人在。完全依靠口音来辨别一个人的来处，有时候会上当。

比如武汉三镇，各处口音都有区别。可是，即便一个人能说一口地道的武汉话，能根据别人说话的口音辨别出对方来自武昌、汉口还是汉阳，他也有可能是一名青年时代才定居武汉的移民。

怎样识别一名真正的武汉人？不如看看他的饮食喜好。如果他不爱吃热干面，他肯定不是武汉人。如果他爱吃热干面，他也未必是武汉人。如此武断，无非是想说明一点：热干面对于武汉人来说，是流动在血脉中的文化符号。

一个武汉人，无论走到哪里，无论他吃过多少碗美味的面条，都不及家乡的一碗热干面，来得落胃，来得舒心，来得荡气回肠。

外地人很难理解武汉人对热干面的热爱。那么干，还沾着黏糊的芝麻酱，又没肉又没菜，有什么好吃的？

作为一名吃货，我很理解众口难调这句话，同时我也坚定不移地认为：如果你讨厌某样被许多人喜爱的食物，很多时候，是因为你没吃到好吃的。

比如榴莲，我试过好多次，都没法适应，但有一次，我尝到的那只榴莲，口感远胜于从前我吃过的，便吃了好几块，对它的厌恶感也大为减轻。

因此，每次听到诋毁热干面的声音时，我就会失去冷静，愤然指出："你是没吃过真正的热干面。"

一碗真正的热干面，面要掸得好，既不能软一分，也不能硬一毫。芝麻酱要调得好，干了不行，稀了也不行。辣萝卜丁要鲜美、脆爽。要现做现拌现吃，稍微放一会儿再吃，就是暴殄天物。

如果是不符合以上条件的热干面，武汉人从摊子边上路过，瞟一眼案板上的面，闻闻空气里的芝麻酱香，就会皱着眉头逃走。

火急火燎赶时间的人，一不小心叫上这样一碗面，用筷子将酱料和面条拌匀的时候，额头上已聚起了乌云，挑一筷子面往嘴里送去，登时就会站起来，嚷嚷着退货："伙姐，搞么名堂啊？这面掸得太坏了撒！"

武汉热干面，就是被这种手艺不精的摊贩做坏了招牌。

吃热干面，吃地道热干面，再来一碗蛋酒，才是武汉人的早餐标配。一碗干爽喷香的热干面，一碗清甜润口的蛋酒，足够让人体能充沛，一口气扛到中午。

于是又有人说了，这是码头工人的吃食，粗糙，耐饥。

这也没错。武汉是九省通衢，码头林立，行栈遍布，交易庞杂，多的是码头挑夫、行栈"扁担"（挑夫、脚力）、三轮车"麻木"。早餐要物美价廉，最重要的，还是要管饱、扛饿，如此，才能在这座冬冷夏热的城市里扛下沉重的生活。

热干面的诞生，与武汉的气候也大有关系。20世纪初，住在汉口长堤的食贩李包，为了防止卖剩下的切面馊掉，将面煮熟沥水拌上香油等做成了风味独特的热干面。之后，黄陂人蔡明伟继承了李包的技艺，并反复改良形成了一套特定的工艺流程，打造了"蔡林记热干面"，以其"爽而劲道、黄而油润、香而鲜美"而名动江城。

街巷深处，也有无以计数的正宗热干面摊头，它们被摊主漫不经心地冠以"毛毛""刘嫂""胖子""苕货"这样的名头，甚至根本懒得挂上招牌，每日晨光熹微时，烫面的水开了，扬起润润的水汽，芝麻酱等各种拌料准备好了，红红绿绿的，诱人食欲。它们只是一个个小摊头，却一丝不苟地做着这门生意，在街坊四邻、远近数里内，做出各自的口碑。

比如1994年，我常去八一路上的一个摊头吃面。不管多早去，简陋的热干面摊头边上，必然排着长队。这摊档实在是太不讲究了，小方桌、长条凳，连油漆都没上过，破旧得像是用过几十年的老货。面碗也破，几乎每一只碗的边沿上都有缺口，可是，没有人提意见。摊主是一对老夫妇，夫妇俩都是精瘦、结实的身材，五六十岁的人了，掸面、配料、收钱、收拾碗筷，娴熟、干脆、流畅，行云流水一般，若武林高手。

隔着一条八一路，摊头正对面是一家餐馆，经营牛肉粉、面、锅贴、小笼包等早点，当然也做热干面。他家的热干面窗口前，食客寥寥，与马路这一边的盛景相映成趣。

一条双车道（那时的八一路还很窄）马路，像条银河一般，把两岸拉开了若干光年的距离。河这边的食客，宁肯排队苦等，也不愿朝对岸看一眼。

饮食业的竞争就是这样残酷。一碗热干面，面掸得好，料配得地道，看似简单的营生，背后可是真功夫。

我来上海后，在饮食上比较适应，唯有面条，始终无法让我满意。我承认苏式面条有它的妙处，我也承认葱油面、阳春面各有风味，但要我夸一声上海的面条，却万万做不到，似乎那样一来，我就背叛了自己的信仰。

满饭好吃，满话不好讲。

只因我尚未遇到能唤醒我血脉里那份热辣的面条，一旦与之相逢，看我如何自打脸。

那天我和同事去安化路与定西路交界路口的祥和面馆吃午饭，同事点了上海人爱吃的咖喱牛肉面，我则随便点了一碗辣肉面。就是这碗辣肉面，让我一边吃一边想着热干面，又一边吃一边背叛了热干面。

　　它跟热干面有着同样的特点，热蓬蓬、香喷喷，像子弹一样，第一口就击溃了我对面条的"信仰"。我由衷感慨：可以让它替代热干面，成为我的新欢。

　　你看，你看，你看！没有什么不可替代，没有什么能地久天长。我这样一个土生土长地地道道的武汉人，就这样毫无预兆地背弃了热干面，欢欢喜喜地爱上了上海的辣肉面。

　　我成了祥和面馆的常客，几乎天天去，除了辣肉面，其他一概不点。

　　后来我换了工作，离安化路很远，有时去附近办事儿，还会特意去祥和面馆吃一碗辣肉面，但这样的机会越来越少，我的活动区域越来越远离那儿，于是，辣肉面成了继热干面之后，我的新牵挂。

　　这牵挂有多缠人？我甚至在2012年写的一个短篇小说中，提到辣肉面，提到祥和面馆。

　　祥和面馆的收银员是一名中年男子，跛足，言语不多，但目光锐利，气场十足，是这店里管事儿的。偶尔听他开腔，音量定是抬高了的。被他叫到名字的服务员，回头望向他的神色，必然是紧张、羞赧的。

　　最近一次去祥和面馆，是跟一名武汉老乡同去的。初次见面，虽没有"老乡见老乡，两眼泪汪汪"，但也足够激动。不知怎的，大家提到祥和面馆，老乡也认为，在上海，只有这一家面馆的面可以与武汉热干面媲美。他兴致勃勃地一定要请我们去那

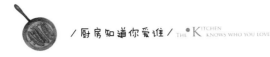

里吃一碗面，恰是午餐时间，盛情难却，一群人便呼呼啦啦地奔了过去。

但那天吃完面，老乡却叹了口气。

"面不一样。"

我反对："跟以前的味道一模一样。"

"不，我说的是，这个面，跟做热干面的面不一样。"

闻听此言，我如梦初醒。定居上海十几年，已把他乡当故乡，恍然中分不清面与面的区别，竟连最典型的特征都会混淆不清。我冲着老乡竖起大拇指，乡情乡味，尽在不言中。

6 盛夏夜里毛豆香

在社区里遇到何奶奶，老远她就会停下来，笑眯眯地，等我走近。我避无可避，只能笑嘻嘻地迎上去，其实吧，心里是有些紧张的。

老人家喜欢聊天，大概是耳背的缘故，讲话声音比较大，可是，我几乎听不懂她的青浦土话。百般用力去听，连蒙带猜地去理解，大声回应她，然而通常我会看到她茫然又期待的目光，她望着我，我满头大汗，明白我又猜错了她的意思，答非所问。

要说我一个字也听不懂，那也有些夸张，多少还是会猜对一些话的。比如何奶奶喜欢烧豆腐汤，比如她特别欢喜毛豆子。她说："红烧蹄髈，加点毛豆子烧，好吃来！鳗鲡红烧，加点毛豆子，好吃来！"

除了菜名，我还能听懂别的。何奶奶关心晚辈的学业，每次大考后必问我："小囡考试好吗？"我一律回答："好好好！"

何奶奶有时说她孙子小小何考得一般，有时说不好，但我知道，小小何功课很好。

　　小小何跟彦酱是幼儿园、小学、初中同学。现在的孩子，能同窗十来年，就算难得了，但在我小时候，从小学、初中、高中，乃至大学都是同校学友的，比比皆是。这跟我生活的环境有关，我住在武钢居民区，就读武钢的子弟学校，同龄孩子既是邻居又是同学。像我和赵，住一个街坊，小学、初中、高中皆为同班同学，大学倒是不同，但那两所学校后来又合并成了一所。

　　赵同学小时候个子很矮，小学、初中都是女生恶作剧的对象。我虽不参与，但也是把他当小屁孩看待的。暑假里他到我家串门，有时还会在一招的院子里偷一挂绿得冒油的酸葡萄带过来。他跟我和妹妹打牌、下棋，有时还得帮忙写点作业，到点了他就溜回去，十来岁的男孩子，会淘米、煮饭，还会择菜、洗菜，将所有准备工作做好。

　　反观我和妹妹，这方面都不如赵同学。别说煮饭备菜，就连吃饭都未必能让大人满意。

　　夏天胃口不佳，晚饭时随便对付两口就搁了碗，妈妈板起面孔，爸爸替女儿们打圆场："不想吃就算了，晚上凉快时，再吃碗泡饭。"

　　天色全黑了，暑气仍未消散，一丝风也没有。一条长江，一条汉水，把这城市划为三镇，间中还有汪汪东湖、南湖、北湖、东西湖、沙湖……江河湖泊的水，白天吸收了足够的热量，等到夕阳西沉，开始徐徐吐露热气，整个武汉，就像一个巨大的蒸笼。

火炉城的人，夏天受此训练，年复一年，个个都是进过太上老君炼丹炉的孙悟空。我和妹妹这两个小悟空，此时也乏了，困意袭来，躺在床上，肚子却"咕咕"叫了起来。吃点儿什么吧，没胃口，不吃吧，又有点难受。

这时候，爸爸先用茶水泡一碗白米饭，就着晚上的剩菜，呼啦啦地开吃了。

"哎，辣椒毛豆炒肉，要不要吃？"

这话有魔力，哪怕不那么饿呢，我和妹妹也会一骨碌从床上滚到饭桌前，白开水泡饭，就着这盘菜吃一碗。

毛豆子好吃，自带鲜味，做法多多，可做主菜，也可做配料。像何奶奶说的毛豆子菜，基本都是用它来提鲜吊味，我妈做的红辣椒毛豆子炒肉丝，毛豆子则是不可或缺的主要材料。

毛豆是夏天餐桌上的主打菜之一，出现频率最高的，却不是毛豆子炒辣椒和瘦肉，而是盐水煮毛豆。

煮毛豆很简单，将毛豆两头的尖尖剪掉，露出口子，方便入味。在清水中加盐、几粒花椒，一两只干辣椒，倒入毛豆，水沸后再煮几分钟，一道菜就成了。毛豆本身清甜鲜美，加上淡淡的咸香、似有似无的辣味，味道清淡而层次丰富，口感介于脆与软糯之间，有些微妙。这道菜可以吃着玩儿，也可以配啤酒，只是不适宜下饭。

暑假快结束时，水煮毛豆就不大好吃了。豆荚变黄了，豆香

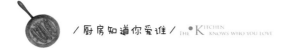

变淡了，吃起来不如前阵子那样润口。

毛豆子长老，要变黄豆了。

磨豆浆，做豆腐，做豆腐干，做腐竹，做素鸡，做油豆腐，做腐乳，发豆芽……黄豆的境遇千姿百态。

一个暑假连着又一个暑假，赵同学总是来我家串门儿，却从未留下来吃过饭。忘了是哪一年夏天，隔几天不见他跑来玩，暑假就过去了。开学后赵的座位换了，从第一排换到了后面，我目瞪口呆，这才几天工夫，赵竟然蹿了个子，比我高出了半个脑袋！

我问他放假期间吃了什么特别的食物，他想了想，一本正经地说："天天剥毛豆，吃毛豆。"

盛夏季节，万物悄然生长。后来我们都毕业了，成了社会人。又一个夏季来临时，暑假却遥遥无期，似与我们永别。后来，我离开了上海，赵留在了老家。我们有时会见面，有时不会。见面时还跟少年时一样，亲如家人；不见面时也不挂念对方，我们各有各的忧欢悲喜。

不仅仅是赵，还包括许许多多一起长大的小伙伴，都是如此。

我们像一只豆荚里的毛豆子，曾在同样的环境中成长，亲密无间，一旦成熟了，那豆荚就裂开，毛豆子变成了黄豆，欢快地迸出豆荚，散落四方。

7 四分钱豆皮的遗憾

要一个武汉人开口夸赞别地的早点，恐怕比叫他撒谎还困难。

随便哪个武汉人，脑海里都会有这样一幅动态的《清明上河图》：

一溜儿长摊，蒸汽袅袅，人声鼎沸。

蒸着的各色包子，大中小都有。锅里炸着的油条、油饼、欢喜坨（很多地方称之为麻球）是大路货，糯米鸡、油香、面窝是本地特产。

几个炉子上热着砂锅、三鲜煲、海鲜煲等各种煲，是给喜欢以热烫的汤汤水水开始一天的人们准备的。

正宗武汉人会奔向自己认可的热干面摊子。一只竹篓，一锅滚水，案板上是油亮筋道的面条，抓一把放进竹篓里，过水烫一下装进碗，放芝麻酱、葱花、油盐酱醋和榨菜末，就是一碗香味诱人的热干面。

热干面很干？不要怕，一碗面，搭一碗甜香的蛋酒，就是一顿最典型的武汉早餐，让你吃饱喝好，包你能扛到中午开餐前。

武汉人将吃早餐称为"过早"，一个"过"字，形象概括了这一顿的匆忙与必要性。

很多年里，从小学到初中毕业，我的早餐都是从父亲口袋里摸出一两毛钱，在上学路上买着吃。热干面一毛一分二两，一毛四分三两，豆皮是一毛四分钱一份，油饼、面窝都是五分钱一个。物价多年不变，但似乎要配上相应分量的粮票。

这些早点都不贵，但如果你只有一毛钱，可选择的东西就要少多了。

有句话叫做"一分钱难倒英雄"，我不是英雄，所以难倒我的是四分钱。

小学一年级的上半学期，父母和妹妹搬到红钢城，我仍然留在武昌。虽然老宅里有奶奶，还有别的亲人；虽然父母也对我解释过，因时间匆忙，他们还没来得及为我办妥转学手续；虽然，我确信自己很快就会搬到新家，跟父母和妹妹团聚，可我心里还是有很浓重的忧愁，孤单单的、不被爱的张皇。

每天清晨我要独自走很远的路，才能到达长春观隔壁的大东门小学。大东门附近有一座铁路桥，我走到桥下时，固定的时间，总有一列火车从头顶的桥上呼啸而过，车轮与轨道接触时发出的"哐哧哐哧"声，响亮的汽笛声，加重了我的愁绪。

铁路桥下聚集着不少早点摊，我就在那里过早。

早餐费是固定的，每天一毛钱，可以买两个面窝或两个包子，也可以买油条或油饼。

我那时候有个心愿，一直想吃一角四分一份的豆皮。油汪汪、香喷喷的，金黄的蛋皮，洁白的糯米，还有肥瘦相间的肉丁、褐色的豆干丁、几根榨菜，色香味俱全，诱人食欲。

每次买早点时，我都在犹豫——今天是不是只买一个包子，省下五分钱，明天美美地吃顿豆皮，但每次都没有采取行动。

父母和妹妹搬到红钢城后半个月，母亲到学校来看我，告诉我转学手续就要办好，再过些时间我就可以和他们团聚了。

母亲给了我一毛钱，大概是用来弥补他们把我抛在这里的歉疚。

我面无表情地接过这一毛钱，等她一走，我就到冰棍摊前买了三根冰棒，一口气吃光。

一根冰棒三分钱，一根奶油雪糕五分钱，我完全可以买两根雪糕解解馋，或是买两根冰棒，既过瘾了，又白白余下四分钱，贴到次日的早餐费里，刚好可以买盘豆皮过早，但我没有。到底年纪小，心里的感觉说不上来，更不知如何自我开导，用大量的、廉价的东西来填补心里的缺憾，大概是幼稚的我能找到的最佳途径吧？

就这样，我在报复性消费的豪爽中，痛失品尝大东门铁路桥下那盘豆皮的绝佳机会，也是唯一的机会。几天后，我就转学到武钢二小，再也没有吃过桥下的任何早点。

后来我吃过无数次美味的豆皮，唯独对那座桥下没吃到的豆皮耿耿于怀，原因就在于此。

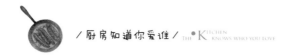

豆皮是武汉最著名的美食之一，受众接受度或许还要超过热干面，后者的干、香，不是土生土长的武汉人，未必喜欢。

豆皮做得最出名的，当然是汉口老通城。

大学时跟两对学长学姐在礼拜天清晨从学校出发，下山后一直走到武昌阅马场，上武汉长江大桥，从江南到江北，一路走到汉口大智路的老通城，一人叫上一碟三鲜豆皮一碗面，大快朵颐。

老通城已拆，我印象中，他家的豆皮确实比别家好吃，选材好，用料足，当然，价格也比别家贵。

平心而论，上海汇集了各地的小吃，只要不太挑剔，在外头吃顿满意的早餐一点儿也不难。

只是，人的味蕾和胃是有记忆的，小时候吃过的东西留下的印象，不管过了多少年，人落在地球上哪个角落，都会突然冒出来，让人想得发疯。不论你已混成跻身上流的成功人士，还是依然在陌生的城市苦苦漂泊，突然而来对某种味道的渴望能瞬间出卖你的本质，你从哪里来，你属于哪个阶层，你内心深处的记忆是关于什么……

而对我来说，这种突如其来的对味道的渴望，很多时候都是有关豆皮的，那一份四分钱的豆皮，显然已成了我童年记忆中的一个结，打不开，也跳不过去，常常在某个不经意的时候，毫无防备地冒出来。

这时候，求人不如求己，找出工具和食材，自己动手，对抗馋虫。

豆皮的做法不难，用搅拌机打米粉豆粉浆，蒸糯米，泡香菇，切肉丁、笋丁、榨菜丁，打几只鸡蛋……

把米豆浆倒进平底锅里摊成皮，打入鸡蛋涂匀，熟后翻面，把蒸熟的糯米铺在皮上，压紧后再铺上炒好的肉丁、香菇丁、冬笋丁、榨菜末儿、青豆、虾仁，撒上碧绿的葱花，把一锅豆皮分成小小的方块，逐个翻面。金黄透亮、香而不腻的豆皮，正是我记忆中的美味。

那晚，给自己做了一份材料扎实的豆皮，全家都吃得很尽兴。而我自己，奇迹般地在那夜的梦里回到了大东门外的那座桥下，我手里攥着一把钱，毫不犹豫地走向那个我向往已久的豆皮摊，豪气地对老板说："来两份豆皮！"

豆皮到底是什么味道的，梦里的记忆实在不准，唯一清楚的是，那种实实在在的满足感，心心念念终于得到的幸福感。至此，这段童年的记忆，仿佛被施了魔法一般，再也没有那种遗憾。而我也知道，不管以后我还将吃到多少美味的豆皮，最好吃的，永远都只是那份没有尝到过的、差四分钱的豆皮。

你看你看，温泉蛋的脸

第一次吃温泉蛋，是在一家日料店。排队取餐，厨师磕开一枚鸡蛋，"扑通"，一只半凝固的蛋就扑进了面碗里，蛋白半透明，蛋黄润润的，模样软萌，神态娇慵。

一时间我呆住了，这是温泉蛋？厨师没有敷衍我？

那么，我八九岁时用水吊子煮的蛋，又是什么？

难道，过去我们家的灶台两侧，是自带的两眼"温泉"？

20世纪80年代初期，武钢居民区铺装煤气管道，从此我们告别了蜂窝煤、煤球炉，老式灶台被拆除，换成崭新锃亮的煤气灶。

用煤气确实要方便多了。中午放学回家，煮面、热饭，只需几分钟就能吃上。但我还是有点想念从前的炉灶，记得每天中午必做的一件事：揭开半掩住的炉盖子，先用火钳夹出上面一块即将燃尽的蜂窝煤，再将下层那块已经燃尽的煤块取出来，放在铁制撮箕里，然后将半燃的煤块放在下层，上面添加一块乌黑的新煤，敞开炉门，等待新煤块燃起。

用这种炉子，最大的弊病是不能控制火温，好处是炉膛里随时都是热的，像"清锅冷灶"这样的字眼，跟我家厨房是绝缘的。

为了更好地利用热能，我家的炉灶两侧各有一只水吊子，常年储有两吊水，水温总是热的，温度随煤块的燃烧程度而起伏，或者三四十摄氏度，或者极烫，六七十摄氏度。这样一来，我家随时都能用上热水，虽不能饮用，用来洗洗涮涮，也是极其实惠的。

水吊子是两只铁罐，具体做法我没有向父母求证过，估计是砌灶台时在炉子两侧挖两个深坑，将铁罐子嵌进去。

带水吊子的灶台，我在奶奶的老宅里看到过，在外婆家也看到过。想来这样的搭配，大概是土灶的标准模式之一吧？

父母白天上班去了，妹妹在幼儿园吃午饭、午睡。中午我从学校回来，一头钻进厨房，炉灶上的蒸锅里有我的午餐，但我有时不去管它，而是先揭开水吊子上的铁盖，用汤勺掏出我清早偷偷放进去的一枚鸡蛋。

每天这个时候，炉膛里的两块蜂窝煤通常已接近燃尽，水吊子里的水，温度不会太高，手伸进去也不会烫伤。鸡蛋握在手中，热乎乎的，跟普通白煮蛋没有任何区别。然而，若是想剥出光溜溜一整只蛋，却是不可能的。磕破蛋壳，就会发现大势不妙，蛋白不够老，颤巍巍地将从蛋壳里滑出来。若不是我有经验，事先放了一只空碗在手下，蛋白就保不住，全得落在地上。

奇怪的是，蛋白没有凝住，蛋黄倒是凝住了，比溏心蛋的蛋

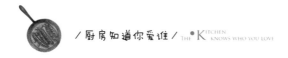

黄微微流动的状态要老一点儿，刚刚固住。

我不敢尝试豆腐脑一样的蛋白，只管吃掉蛋黄。这样一枚水吊子煮蛋，就是我给自己的午餐加菜。

在百度上输入"温泉蛋"，可看到这样的说明：温泉蛋，一种水煮蛋的做法，因在温泉里煮成而得名。把蛋壳敲开时，会惊奇地发现蛋清还是液体，可蛋黄已经凝固了，味道很独特。这是根据蛋黄和蛋清的凝固温度不同而煮的。

这么说来，日料店的师傅没有敷衍食客。而我小时候，老炉灶的两只水吊子，可算得上两眼小小的温泉，我在水吊子里偷偷放置的鸡蛋，数小时后变成了温泉蛋，被我吃进肚子里。

我不禁得意了一番：会吃的人，连顽皮、淘气、馋嘴，都能吃出花样，吃出精妙来。

夏天去日本旅游，清晨都是在酒店吃自助餐，几乎每次都有温泉蛋，只有一回，在东京，早餐鸡蛋是带壳子的白煮蛋，于是大感失望。

白煮蛋最简单，最不招人待见，人人都会煮，但要煮得好吃，蛋白柔嫩，蛋黄凝固而不老，却很不容易。不知道是不是这个原因，很多人都不爱吃白煮蛋，对白煮蛋的加强版料理兴趣要浓一些。

比如茶叶蛋，比如卤蛋，比如卤肉饭里的蛋、红烧肉里的蛋，还有炸过的虎皮蛋。

我虽然吃过不少水吊子煮的温泉蛋，但跟我父亲一样，最爱的还是糖水蛋。

水烧开后，敲一两只鸡蛋进去，中火煮两分钟后转小火焖一下，加酒酿和糖，就是一碗酒酿水潽蛋。没有酒酿也不要紧，加一勺红糖就是糖水蛋，好吃。

跟温泉蛋相反，糖水蛋的蛋白是凝固的，蛋黄却未必。煮的时间稍短一点，蛋黄似凝非凝，是溏心蛋；或者再少煮一会儿，蛋黄还是流质的。溏心或流质，口感均不俗，前者润而糯，后者滑而腻，都是我的大爱。

我父亲追求我母亲时，每次去未来丈母娘家做客，都有一碗糖水蛋吃。外婆总是用最新鲜的土鸡蛋招待他，一个大碗里总归有五六只蛋，只只溏心，香甜可口。我小姨父有时会假装吃醋，开玩笑说，姆妈（他们这样喊我外婆）偏心大女婿，他去就没这待遇。

外婆每次来我们家小住，都会带上一篮子土鸡蛋，不说给女儿吃，也不说给外孙女吃，只跟我说："你爸爸最喜欢吃。"

确实，父亲爱吃鸡蛋，最爱吃这样的糖水蛋。土鸡蛋珍贵，只有这样做，才不算暴殄天物。

外婆去世后，父亲对糖水蛋也兴趣寥寥。有一次亲戚从乡下带一篮子土鸡蛋送过来，说是从前就听我外婆念叨过，她大女婿喜欢吃糖水土蛋。

父亲却拒绝了母亲为他煮一碗糖水蛋的提议，说是这么多年，吃太多，吃得有点腻了，母亲眼神疑惑，却只好作罢。我不相信父亲真的吃腻了糖水蛋，却相信在他心里，关于糖水蛋的美好回忆，已经随着外婆的去世被封存在脑海中。父亲不愿意打开那个记忆，于是，也开始拒绝跟糖水蛋有关的一切。

是啊，食物，说到底，都跟人和事有关，有时，关于人和事的记忆，能决定你对某种食物的记忆。没有了人和事的温度，食物只是一种味觉，这种没有寄托的味觉，如同嚼蜡，不试也罢。

对我，不论是听上去高大上的温泉蛋，还是有些土气的糖水蛋，都是记忆中那个温暖的午后，放学回家偷偷享受的那个香甜软滑的鸡蛋，都是关于童年那份好奇而容易满足的快乐。虽然时过境迁，但关于那一个温泉鸡蛋的回忆，总不会随着任何时间淡去，即使，有时买到的，只能是外表光鲜，蛋黄却寡淡无味的洋鸡蛋。

人，有时候其实就是这么容易满足。

9 蘑菇，关于地球的另一种味道

蘑菇不是植物，而是属于地球生物的另一大类——菌类。这是很久以后我才了解到的知识。但从一开始，当我把它送进嘴里时，已通过其迥异于蔬菜的味觉体验将这种食物特别看待了。

我小时候特别爱吃蘑菇汤。蘑菇蛋汤、蘑菇肉片汤、番茄蘑菇汤……那时我认识的菌菇种类有限，除了香菇，眼里只有这种学名叫平菇的菌类。

蘑菇真好吃啊！

每当我发出这样的感慨时，父母总要提醒我，并非所有菇类都能吃，越是漂亮的、颜色艳丽的，毒性越大。

在这样的警告中，我在路边老树桩上、雨后的树根部、梅雨季的墙角木桩上看到它们，一朵朵伞状的小生物，都比我经常吃的那一种要好看，亭亭玉立，姿态优美。我没有胆量去采摘几朵，唯恐遇到的恰是最毒的菇，它们折断时渗出的浆汁碰到我的手指，就有可能使我丧命。

有一天住在前排的邻居晓蕾在我家吃晚饭，父亲炸了春卷，做了蘑菇蛋汤。

"好吃吗？"我问。

"好吃。我第一次吃春卷，也是第一次吃蘑菇汤。"

我对这位小伙伴大感同情，优越感瞬间爆棚。

享用美食这种事，有时和家庭经济条件关系不大。投胎到一个对食物毫无感情的人家，吃喝只为解决基本生理需要，无论如何都是有缺憾的。

晓蕾家的晚饭常年来自父母单位的食堂，两只铝制饭盒，椭圆形带提柄，一只装饭，一只装菜，就是一家四口的晚餐。

晓蕾和弟弟被禁止到处串门，更不许在邻居家蹭吃的。在她家的家教中，蹭吃意味着馋，馋是要命的，对于女孩来说尤其要命。好吃懒做总是连在一块儿，馋嘴的女孩，坏人用一块糖就能将她拉进深渊。

晓蕾在我家就吃过那一次饭，当然是获得父母许可的。夜色深沉时，她的父母和弟弟从市郊赶回来，晓蕾才收拾好课本跟我告别，回家睡觉。

晓蕾和我同龄，但我们不在同一所学校读书，放学后她又不出来玩，因此我与她相邻数年，彼此相熟，见面时也能热烈地聊天，但好像并没什么交情，甚至于分离后失去联系也懵懂未觉。

仔细想来，自小到大，我还有好几个类似的朋友，我们曾经有过交集，后来各奔东西，好像火车上的旅伴，在某段旅程中相伴甚欢，等到了某个站台，有人下车了，换乘另一辆车，又有人上车，成为新的旅伴。一站又一站，每个站台都有人上上下下，最早下车的那一位，渐渐就忘了他的名字和模样。

在这样的情形中，有一天，我和晓蕾在大街上重逢了，两人在街边的肯德基里叫了两杯饮料，像头天才见过面一样，随意聊了起来。

晓蕾兴致勃勃地讲了许多事情：她的恋爱，她弟弟的学业，她的工作……晓蕾师范毕业后做了一名小学教师，整天跟孩子们打交道，乐在其中。

忽然她话题一转，提到从前在我家吃的那顿晚饭，语气里充满怀念。

"叔叔阿姨做的菜真好吃啊！我第一次吃春卷，第一次吃蘑菇汤，是在你家吃的。"

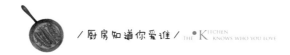

我也记得这件事，笑了起来，假模假样地替父母谦虚道："随便做做，哪有你说的那样好！"

晓蕾瞪圆眼睛，声音变尖了："好吃好吃！知道我为啥记忆深刻吗？除了是第一次吃到那么美味的家常饭菜，还因为你说了一句话！"

"我说什么了？"其实我记得，但我不确定晓蕾指的是不是那句话。

"你说，从前有个人割了自己身上的肉，煮汤给生病的母亲喝，那碗汤好喝得要命。但你又说，你估计那是一个瞎编的故事，真相应该是，他用蘑菇冒充的人肉……"

我大笑，晓蕾则哭笑不得地告诉我，那晚她根本没睡好觉，从此对这道鲜美的菌汤产生了又爱又怕的心理。除了我故意讲的那个故事，晓蕾还想到我经常在小伙伴中讲的《格林童话》里的故事，黑森林里那些植物，越是鲜美可口，越不能吃，稍不留神吃了它们，就会变成小动物。

"还好我家没有吃饭配汤的习惯，直到现在我也没再吃过蘑菇汤。那碗汤的味道真好！虽然我其实知道蘑菇就是蘑菇，跟你讲的那些故事根本没关系，可是呀，嗨，你这个坏家伙！"

我很惭愧。年少时喜欢语不惊人死不休，我的目的达到了，却破坏了晓蕾与菌菇的美丽邂逅。

唯一能宽慰我的是，因为蘑菇，恐怕我和晓蕾这辈子都不会忘掉对方了。

10 盐水鸭的反射弧

　　中秋节，上海人要吃毛豆、芋艿，要做老鸭汤。"中秋吃芋艿，好运自然来"，芋艿和运来，沪语是谐音。豆荚的荚与"佳"同音。为何要吃老鸭汤，网上录有民间流传的所谓典故，但我更愿意相信没有典故，只取金秋时节肥美鸭肉入馔。

　　有一阵子，上海滩到处是挂着老鸭汤招牌的饭店，就像许多年前流行吃蛇肉一般，那一两年里，吃老鸭汤也算是一种时尚。

　　菜上得差不多了，半张台面大小的砂锅便端上了餐桌。一整只老鸭炖汤，用火腿吊出咸鲜味，配以扁尖，汤汁淡乳白，香雾氤氲，诱人食欲，舀一碗喝上一口，才算是吃了这顿饭。

　　有一年我妈来上海看我，我去菜场买了一只活杀鸭子，用莲子与之同煨。妈妈尝过后赞不绝口，夸赞这鸭子味道纯正，鸭汤鲜美，还带有莲子的清香。我信口开河，说我还会加上莲藕、菱角与鸭子一起炖，取名"荷塘三宝"或"荷塘四宝"。妈妈被我糊弄得眉开眼笑，我得意洋洋，脑补她的心里话：我女儿真是聪明又能干啊！

在我老家武汉，很少听说用鸭子煨汤，一般都是烧或卤，红烧鸭、辣子干锅鸭、啤酒鸭、卤鸭。武汉最有名的鸭脖子，就属于卤鸭。

鸭子的做法实在多，我喜欢做啤酒鸭，因为简单。去年一时兴起，想吃酸萝卜鸭汤，我特意起了一个泡菜坛子。

我还会做酱鸭，会做很复杂的香酥鸭，但最喜欢的盐水鸭，我却从没想过要自己学着做一做。

我读大二的时候，全班同学去南京西善桥镇的一个工地上进行生产实习。我们住在一幢毛坯楼里，几个人住一套房，卫生间和厨房都有，也有床。床板大概是用废弃木料临时拼凑的，毛茬茬的，我们铺上自带的凉席就睡觉了。不知那木料里到底有什么虫子，肉眼看不出，一觉醒来，浑身痒兮兮的。大伙儿叫归叫，却也这么熬了一二十天，并没想过要找带队老师或其他负责人反映情况。

没有热水，我们就洗冷水澡。没有开水喝，就喝凉茶。赶上女生的特殊时期，才会借一只塑料桶，去马路对面的水房拎一桶热水回来。

条件艰苦，但一群年轻人住在一块儿，朝夕相处，也不觉得苦，再说还有休息日可以跑到南京市里去玩，我们很满意。

工地食堂供应午餐和晚餐，口味接近川菜，但比川菜清淡，非常可口。

早餐自己解决，我和室友们会去宿舍附近的一个早点铺买韭菜包子吃，男生们看不上这家铺子，他们长途跋涉，去镇上的一家面馆吃早点。据他们所说，一块八毛钱一碗面，放了鸡蛋、肉片、火腿肠、午餐肉、青菜，五彩缤纷，内容丰富，这一碗面，绝对超值。

　　我们不肯为一碗面条跑远路，照旧吃韭菜包子配淡豆浆。除了休息日搭乘镇上到南京市区的大巴车去玩玩，趁机在外头吃些南京特色小吃，我们宿舍的几个女生在吃上头花费的金钱和精力都极少，浑然不觉我们正与南京最著名的美食擦肩而过。

　　实习结束的头一晚，我赫然发现，有人买了白花花的盐水鸭回来，大吃大嚼。

　　模模糊糊地想起来了，南京最有名的，不正是盐水鸭吗！

　　住一楼的两位女生，波波和小海，煮了白米粥，配盐水鸭吃。我目瞪口呆，这才知道厨房的煤气是通的，她俩弄了个简易煤气灶，买了大米和小锅子，煮粥、烧水，绰绰有余。简陋清寒的生活，因她们不甘敷衍，多出了一抹柔情和温情。

　　我心生愧意，自叹弗如，就此爱上了盐水鸭的滋味。尚未尝过，已许它为人间真味。

　　作为一个反射弧特别长的人，驻留南京20余日，没尝过当地正宗盐水鸭，这一遗憾埋在心头，隔了几年，移居上海后，才反射到我的脑海。

像是弥补当初的错过一般，我成了盐水鸭的爱好者，隔段时间就要买回半只一只解解馋。有了这道菜，我能多吃一碗饭。至于盐水鸭是否正宗，我不挑，超市卖的真空装成品，我也觉得口味不坏。

我的挑剔用在了别的地方。

租房而居时，无论条件怎样，从家居布置到花草碗碟，样样事情我都不敷衍。一幅漂亮的新窗帘，一瓶新鲜的插花，都能带给我简单而真实的快乐。我当然知道这些住所只是临时栖息之处，但对于日子来说，没有临时和长久之分。

毕业后也在上海工作的无锡籍同学小朱，曾在南京生活过多年，对盐水鸭很有心得。前不久我们相聚闲谈，他说要吃到美味的盐水鸭并不容易，即便在南京，也要去街巷深处方可寻到地道货色。他这么说时，我又想到了南京西善桥的盐水鸭，想到波波和小海的那间临时宿舍。

时光荏苒，当我们发现自己不见得有吃苦的勇气时，我们才会承认自己不再年轻。当我们回首青春时，常会自带滤镜和修图功能，影像要比现实美。

我不禁问自己：我对盐水鸭的执念，是苦还是甜？

没有人愿意承认青春是苦的，正如人们回忆青春时，永远觉得那是最幸福的时光。但那些长留在我们心头的记忆，细细想来，多半掺杂着苦。唯因这样的苦，我们才会记住那些金子般珍贵的美好时光。

11 没有绿豆的绿豆桥

跟食物有关的地名，我印象特别深。

我小时候住在武昌小东门，读小学一年级时才搬到青山红钢城。那时小东门离湖北省委所在地水果湖很近，水果湖在我心里却只是一个传说——堆满水果的湖。我那时只晓得大东门，在大东门小学上过半年学，学校在长春观隔壁，抑或就在长春观里，记不清了。

搬到红钢城后，离市中心就更远了，要逛街，得去汉口。去汉口的途径，要么坐16路车再转电车，过武汉长江大桥；要么从红钢城码头坐轮渡到粤汉码头，逆水行舟，去程45分钟，返程顺水，半小时。

六渡桥，是我父母去汉口时必逛的一个地方。

武汉话六和绿，都念"楼"音，渡和豆同音，都念"豆"，所以，六渡桥跟绿豆桥是一模一样的发音。

不知有多少小孩问过父母这样的傻话："六渡桥是不是用绿豆做的桥？不是啊……那它为么事（为什么）要叫绿豆桥呢？"

大人多半会嗔怪地骂一声："苕伢（傻孩子）！"孩子也就

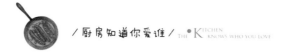

收起这明知故问，笑嘻嘻地溜走了。

我也是。但，我想象中的绿豆桥，并没有消失，绿豆仍在，煮熟了，加了糖，融了水，冷凝成冰砖，一块块垒起来，垒成一座桥——绿豆桥。

绿豆冰砖桥。

绿豆冰砖，是比三分钱的冰棒和五分钱的奶油雪糕更高级的冷饮。

我和妹妹上幼儿园的时候，夏天的冷饮是需要另外付钱的。午睡后，全园小朋友集中在幼儿园院子里的大树下，等待老师给大家分发冷饮。我和妹妹可以享用一份绿豆冰砖。

绿豆煮烂再冷冻，吃起来的口感糯而韧，很经吃，既解渴又解馋，特别诱人。可是，物质匮乏的时代，冰砖用料不足，绿豆少，水多。老师用刀将冰砖平分成两半，一半有绿豆，一半全是冰，它们安静地躺在铝饭盒里，冒着凉丝丝的冷气。

我把有绿豆的那一半给了妹妹，我心甘情愿，只因我是姐姐，但我对老师非常不满：竖着切，每份冰砖都会有绿豆呀！

我不止一次憧憬过，要是有一种全是绿豆的冰砖，该有多好啊！更好的是，我一个人吃，不必跟任何人分享。

想象中的六渡桥，就是用这样的绿豆冰砖垒成的。

六渡桥的前身是六度桥。《汉口竹枝词》中写道："妾似垂丝牵不断，郎如飞絮任斜飘。人都说是伤心树，怕上春风六度桥。"六度桥是玉带河上的渡桥之一，得名于附近的六度庵。"六度"一词，本是佛家语，即六波罗密，"度彼岸"的意思。

六渡桥虽然如雷贯耳，但那座桥早已不见，也不见哪条马路路牌上写着这三个字。我只知道，它代表着中心城区、繁华街道。

不过，在我升入初中那一年，六渡桥终于有了一个准确的地理坐标。在那片繁华商业区建成了一座桥，名字就叫六渡桥人行天桥。

那时我已对六渡桥失去了兴趣。念初中的我，经常跟好友凌一起在红钢城里逛荡，我们在建二吃菠萝刨冰，喝酸奶，去双洞的大房子看各种新潮服装和鞋子。有时我们会跑得远一点，坐轮渡去汉口，在粤汉码头下船后沿着蔡锷路乱走，逛扬子街，逛江汉路。记不清我们都逛了哪些地方，只是走路、聊天，说些女生之间的悄悄话。

我们是最好的朋友，亲密无间，没有秘密。我们还有其他要好的女伴，但我们深知自己在对方心中是最重要的。其他女生是我们各自的好朋友，我们则是彼此的闺密。

后来我们考上了同一所高中，多了许多新同学。凌的身边有了"新欢"，我也是。我们不再是彼此唯一的闺密，事实就是如此，我们承认，却难以忍受。

我们的感情依然深厚，依然关注着彼此，可我们之间的温度

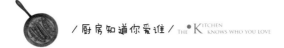

却跌到历史低谷，像冰砖。

是的，我要独享的绿豆冰砖，也要独享的友情。少女对友谊的态度，就是这样小气。

时光荏苒，我们不再年轻。这几年暑假回武汉，我总会跟凌碰个头。我来去匆匆，她的小公主还小。提起从前的好时光和小赌气，我们哈哈大笑，互相揶揄。

最近一次见面，我俩倒是去逛过一次街。她带我去面料市场找一块布料，在迷宫一般的大市场里，她闲庭信步，忽然就把我引到了一家裁缝店，给我看她新做的一条连衣裙。

这情景，又有点像我们十四五岁时一样了。面料市场离水果湖不远，自然而然的，我们提到了小时候的事儿，提到堆满水果的湖和没有绿豆的绿豆桥。

凌告诉我，为了配合地铁施工，刚好位于施工范围内的六渡桥天桥，在去年年底已被拆除了。

六渡桥消失了。想象中用绿豆冰砖垒成的绿豆桥，也消失了。

正如我们再也不会天真地以为，唯有独享的爱，才是真爱。

12 最是情浓藕香时

前几天做水果羹时，我用藕粉勾芡。藕粉是西湖三家村的手削藕粉，吃起来非常可口，有极淡极淡的藕香。

隔天收到爸妈做的卤牛肉和牛肚。妈妈说，箱子太小了，不好装，不然还想给你寄几节藕。我连忙说不要寄，寄来了我就得赶紧吃，也就是那个味儿。这些天我们经常吃山药排骨汤。

我没哄他们，厨房里，电炖锅正发出"咕嘟嘟"的声响，里面隔水炖着一大盅山药排骨汤。

不过，我那样说道家乡的藕，还是有些轻慢。汤有很多款，天天变着花样，而莲藕排骨汤，只有用湖北的藕，才能煨出我喝惯了的那种滋味。

湖北的莲藕，跟别处是不同的，鲜美、粉糯，煨汤最好，咬一口，藕断丝连，却入口即化，汤的味道格外清鲜。

江浙一带的藕，做糯米糖藕很好吃，糯而有韧性，用来煨汤，味道却很一般。

用排骨、蹄髈、汤骨煨汤，汤汁难免油腻，放几节湖北的藕，能化开油腻，让一锅汤在保有浓郁风味的同时，漾出一层又

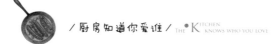
一层植物的清淡。

那种感觉很奇妙，我想起一句话 "酒肉穿肠过，佛祖心中留"。

我只是怕我说想吃，爸妈立刻忙起来，张罗着给我寄上许多。父母这样忙会很高兴，不觉其累，但做儿女的，会因自己一句话给父母添加劳累而不安，明知他们欢喜，还是会抗拒。

虽然我一再强调不用寄，也一再说并不是特别想吃，快到入冬时，还是收到了快递送来的一个硕大纸箱，分量很沉，打开来，里面是用黑色塑料袋包着的、带有黑泥的野藕。

爸妈的电话跟踪而至，怕我叫嚷，爸爸开口就说："没给你多寄，可以煨两次藕汤，多余的藕梢子，你可以刮藕泥，做藕圆子。"

妈妈抢过电话补充道："要是嫌麻烦，梢子就不要了。"

我再不懂事，这时也得表个态。

"我要！我要！花钱也买不到的藕，我才舍不得扔！"

是的，我的确舍不得扔，花钱也买不到的，不仅是这一箱新鲜芬芳、饱满多肉的莲藕，更是爸妈那一份饱含爱和关切的心意，这个箱子，在我心里，分外地沉重。

说起来，我从前并不喜欢吃藕。

比方说滑藕片这道菜，我非但不爱吃，还有些抵触。据说爱吃藕的人聪明，原因是藕有孔洞，吃了会多长心眼儿。我对这种说法非常反感。

有一回，我所服务的公司宴请两位日本代表。一盘滑藕片端上桌时，代表们的神色，仿若目睹一场流星雨，藕片耀眼的光芒使得其他所有特色菜肴或高档大菜全都黯然失色。

他们夹起一片藕放进嘴里，慢慢咀嚼，细细品味，眉目间，每个细微的表情中，都是对这道食物的赞美。

一片吃完，点点头，叹口气，感慨一声："太好吃了！"

我有些好奇，也夹了一筷子滑藕片尝了尝。好像是的，当天这盘藕，滋味确实不错。

据代表们说，在他们国家，藕的价格很贵，而且味道远不及当日吃的这一盘。

这么看来，我们是身在福中不知福咯？从那天起，我对滑藕片的好感度增添了好几分。同席的另一同事与我有同感。

但总体说来，除了莲藕排骨汤，我对藕的兴趣不大。

酸辣藕丁、糖醋藕片、卤藕、糖藕，我都不爱。藕夹、藕圆是油炸食物，属于我爱吃的大类，但一年也吃不了几回。

湖北人做藕圆，利用藕梢子等边角料，在擦板上擦成藕泥，与调好味、搅打出劲道的肉糜混合，再做成丸子状入锅油炸。藕夹又叫藕盒，是过年期间的必备菜。将藕洗净刨皮，切片，厚度不能太薄，两片中间夹入肉糜，放进调好味的面糊中滚一道，入油锅炸成两片金黄，就是可饱腹也可下酒的佳馔。

莲藕排骨汤也是湖北人年夜饭的标配。

天寒地冻之时，却是挖藕、吃藕的季节。

　　我小时候住张家湾，湾子最低洼处，是一片池塘，塘里种了荷花养了鱼，到了冬季，荷叶残败殆尽，水位越来越浅。忽然有一天，塘边就停了一台抽水机，"突突突突"的，将池塘里的水抽出来，露出乌黑乌黑的塘泥。

　　鱼儿跳起来，都是手臂那么长的大鱼，它们被捉到岸边，等待分给家家户户。鱼儿捉完，就该挖藕了。穿着橡胶衣裤的人趟进冰冷刺骨的淤泥中，弯腰探身，手伸进泥底，直起身来时，手中就多了一节节糊满黑泥的藕。

　　这种糊着黑泥的藕，可以保存好些天。可是，谁愿意错过新挖的鲜藕？我记得的是，当天傍晚，整个湾子弥漫着莲藕排骨汤特有的香气，清甜、馥郁、丰腴，温馨甜美，是节日的气息。

小时候并不太懂挖藕人的辛苦，长大后也不是很明白，几岁时见过的场景，何以会如此清晰地刻画在脑海里？

后来看到风靡一时的纪录片《舌尖上的中国》，有一集里也讲到藕和挖藕。看到工人们身穿连身的雨衣，跳入齐腰深的淤泥里，一条条地将莲藕挖出，然后装筐，再一筐筐运往集中地，再到市场上出售的干净莲藕，最后是餐桌上一盘盘洁白、晶莹剔透的莲藕，突然想起小时候看过的挖藕的场景，便感叹，莲藕这种食物，看似普通，价格也并不算昂贵，竟凝结了如此多的辛劳与不易，莲藕如此，其他食物，又何尝不是如此？

想起古人的一句诗"谁知盘中餐，粒粒皆辛苦"，大约就是这个意思。今天看来，这句简单的诗中包含的深意，非经历过劳苦之人不能懂得。四体不勤、五谷不分如我们，早已习惯花钱买到任何美食，何时深究过这些普通食材如何来之不易？

佛学中教人惜福，应该包括所有眼前得到的，人如是，食物亦如是。想想这盘莲藕，从深埋淤泥的地下，到餐桌上与我相见，其间这番经历，足以值得我对它青睐有加。

Part
3

诗酒趁年华

一生中拥有的美好年华并不多，
有些事，有些人，
值得在最好的年华遇到，
然后用一辈子去珍惜。
别等吃不动了走不动了再相聚，
我们诗酒趁年华。

牛肉与面喜相逢

很多时候，不吃某种食物，不过是出于偏见。听人说这个东西难吃那个东西可恶时，我常会替食物喊冤。其实，恰当的料理方式，再遇到懂得品味的人，才算得上最佳组合。

就我有限的经验来说，西北和内蒙古出产的羊肉确实比其他地方鲜美。我在武汉、上海吃过无数回羊肉，去陕西、山西吃到当地的羊肉时，竟如初品。后来我去菜市场买羊肉，便晓得询问产地了，认准了一个每年秋天起从内蒙古采买羊肉的摊点。

摊主姓马，只在秋冬季售卖羊肉，平日还是以卖牛肉为主。其他售卖牛肉的摊主，将一方腿肉售予客人后，帮忙切片或切丝，完了舀一小勺苏打粉拌入牛肉丝里，拍胸脯保证说，用了苏打粉，包你炒出嫩牛肉。我不爱用这些东西，回家后像做青椒猪肉丝一样料理，自忖只需旺火快炒，动作麻利些，就可大功告成。结果却是屡战屡败，从未满意过。

马大姐却有一个妙方。她告诉我，牛肉切丝拌好调料后，加入食用油，让每根牛肉丝都裹上油，热锅冷油，一定能炒出鲜嫩多汁的牛肉丝。我回家依法炮制，果然。

不过，马大姐似乎只对爆炒肉丝、肉片有心得，被问到如何做好红烧牛腩，牛尾如何去腥，她也不甚了了。

真正精通牛肉料理的人，是梅子。梅子是我大学的室友，也是几个女孩子中年纪最大的，我们都叫她鹊姐姐。毕业后我们天各一方，起初还保持着通信联系，后因种种缘故，她与我，与我们班所有人失去了联系。19年后，我们辗转数个城市，最后居然在上海重逢。想到这件事，我就对命运充满感激。似乎生命中有些事，有些人，你念念不忘，真的会得到回应。

重逢之前，我最后一次得到梅子的消息，是在来上海不久。

那是1996年春天，总公司给我三个月时间，有业绩就留在上海，没有就回武汉。回去没问题，只是面子不好看，因此，几乎每天我都在这座城市里奔波，脑子里只有两个字——业绩。

那天我走过南京东路外滩，打算到东风饭店门口乘车回公司。不知是飘着雨的缘故，还是外滩的空气本身就比这城市其他地方的要潮湿，风吹过来，带着江水特有的咸腥气，耳边传来轮船的汽笛声，一切的一切，都比平时多了分惆怅的意思。我循着汽笛声朝马路对面黄浦江的方向望了一眼，却听到有人叫我在大学时代的昵称：点点。

好像梅子的声音！

不是她，但也跟她差不多。她的堂姐从南京东路外滩地下通道上来，在出来的那一刻，恰巧看到扭头翘望的我。

在异乡的人山人海里，这是比约定好某时某刻在某地见面还要巧的邂逅，而我和梅子，在这之前已有好几个月没有通信。在那之前的一个月，我还曾拨过好多次梅子家的电话，不知是白天大家都上班了，还是别的缘故，那电话总是响着，却没有一次被人拎起话筒，对我说一声"喂"。

我纳闷过，不知她最近在忙什么。我担心邮递员弄丢了我写给她的信，也担心她搬了家遗落了我的地址。

暮春的黄昏，天色转瞬变暗。我和她堂姐站在路边，堂姐说她是到上海来参加一场出国进修资格考试，住在亲戚家里，过几天才回去。我问了问堂姐考试的地方，跟我公司离得不远，于是我们说好，在她考完试那天，我们在一家烧烤火锅店见面，我请她吃饭，到时候再畅聊。

两天后我和堂姐如约再见。我们所谈的话题，从我的工作到她的恋爱，从她出国定居的可能性到我留在上海的利与弊，然后，我们谈到了梅子。

堂姐说，她的叔叔婶婶，也就是梅子的父母，他们所在的单位是兰州某化工建设集团，在南京的项目结束后，就要迁回兰州。

这一点，早在读书时我就听梅子提及，所以也只是点点头，心想，难怪她一直没写信给我，南京家里的电话也无人接听，原来是忙着大迁移。

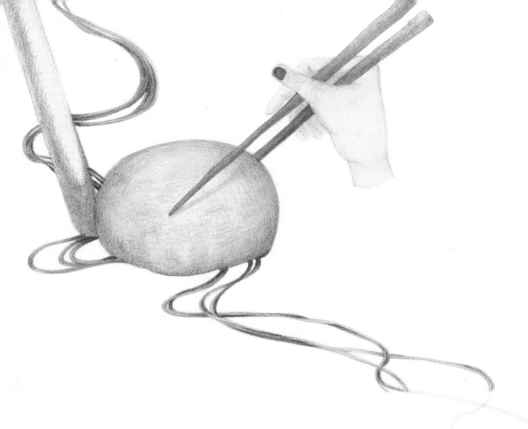

　　堂姐停顿一会儿，又说起梅子的工作。我才得知，梅子现在没上班，因为哥哥生了重病，她正忙着照料他。

　　我坐在那里，被堂姐报出来的几个医学名词给惊到，脑子里是我们大二暑假在南京西善桥生产实习时去梅子家玩，叔叔阿姨热情的笑容和哥哥幽默可亲的样子。在我们别后的所有来信中，她从没提到过哥哥的健康，想必也没料到会发生这样的事。没有联系的这短短数月，我只当她忙着工作，忙着谈恋爱，忙着各种各样的琐事，但我没想过她会遇到从南到北的举家迁移，没想到她正在照顾重病中的哥哥，安慰忧愁的双亲。

　　堂姐翻翻随身携带的通讯录，抱歉地告诉我，梅子家的新址在另一本簿子上。我把自己在上海的联系方式写在堂姐的通讯录上，请她把我的地址和电话告诉梅子。

可我再也没有梅子的消息。

半年后我换了家单位上班，我对旧同事们说，要是我同学的电话打到这儿来，你们一定要把我的新电话告诉她啊！

后来我在新的单位果然接到好几个辗转打来的电话，但都不是梅子。我在武汉的家里，也没有收到她的信。渐渐地，月复一月，年复一年，我们就这样失去了联系。

我所知道的是，从那以后，她跟所有的同学都失去了联系。

十年前，我们在搜狐网上创建了班级校友录。八年前，我们开始热衷于大小规模的各种同学聚会。可是，没人知道梅子的联系方式，网上也找不到她的踪迹。

有一天我梦见了梅子。她掀开我的蚊帐：死点点、臭点点、懒点点，再不起床我们宿舍要得零分啦！

我不情愿地睁开眼，看到手机在床头柜上震动着唱歌。头天晚上我把闹铃换成脆生生的叮叮声，跟梅子的说话风格是一个类型。我知道，这是我梦见她的原因。

可我又无法解释不久前的那个午后，太阳光很猛，风很大，我穿过马路去临街一家食品店买绿豆糕，街上行人来来往往，忽然间我耳边响起一个熟悉的声音：点点，点点！

我停下脚步，仿佛看到梅子从人群中朝我跑来，跟从前一模一样，她梳着马尾辫，穿着她喜欢的藕荷色连衣裙。她奔过来，兴奋地叫着：死点点臭点点坏点点，想死我了！

我一恍神，明白这是错觉，没有人叫我，没有人朝我跑来，是我太想念梅子了。仿佛闻到了她的气息，我的脖子上是她胳膊环绕过来的触感。一切都跟真的一样，眼泪就这样盈满眼眶。

然后，我写了一篇想念梅子的文章，发表在《女报》上。当我把这篇文章贴在大学同学QQ群里时，忽然有一个高年级的学长敲开我的小窗说：我见到了她哥哥。

我的泪水奔涌。真的吗？这是真的吗？

是的！是的！经历了生死大劫，哥哥安然，梅子亦安然。

我拨通了梅子的电话。辗转十数年，我们再次触到彼此。失散的19年，奇迹般地无缝衔接了，而最让人不可思议的是，梅子在上海，就在我梦见她的那个月，她来到上海，并准备定居于此。

重逢后我去梅子家玩儿，她做牛肉面给我吃，给我讲如何做拉条子，还要教我做凉皮。

梅子是地道的南方人，在兰州待了几年，会做一手好面食。当时她还住在租住的公寓里，临时居所，厨房收拾得一尘不染也就罢了，她为了做家人爱吃的面食，还买回许多的厨具：炖牛肉的电压力锅、做葱油饼的平底锅、放饺子的簸箩。最令人钦佩的是，她还买了自制凉皮所需的、我压根儿叫不上名字的锅！

惊叹一番之后，我开始跟梅子学做油泼辣子和牛肉面。我算是有基本功的厨娘，目睹梅子做牛肉面的全过程，听她强调了重点，回家试过三四次，才算是做出了比较满意的兰州牛肉面。

　　在这之后，我经常跑去梅子那个小小的公寓，看她变戏法一般用那些名目繁多的锅碗瓢盆做出一道道让人口水直流的面食。除了牛肉面，她还会做各种我叫不出名字的面，以及香气四溢的葱油饼。

　　对于一个南方人来说，梅子就像一个会魔法的仙女，看着她白净的手摆弄着那些面团，把它们变成或粗或细的面条、薄饼，然后笑盈盈地放到我面前时，仿佛忽然回到了少女时代，那一个个饥肠辘辘的晚上，她拿出自己珍藏的食物，笑着看我们这帮饿狼三两下抢光，然后吃得心满意足，满嘴流油。时光，忽然间就如此定格，好像，无论我们身在何处，她都是我的大姐姐，我还是她眼中那个嘴馋爱偷懒的小不点。19年，我们错过了什么，拥有了什么，突然间，已不再重要。

　　我们约定要常聚，约定再也不能失去彼此的消息。一生中拥有的美好年华并不多，有些事，有些人，值得在最好的年华遇到，然后用一辈子去珍惜。别等吃不动走不动了再相聚，我们诗酒趁年华。

如何做出一碗色香味俱佳的 牛肉面

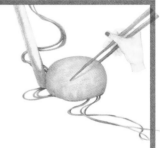

STEP 1

首先得买许多香料。草果、枝子、良姜、山奈、肉蔻、胡椒粒、花椒粒、桂皮、荜拔（国外一般叫鼠尾）……其中一味荜拔，菜场南货摊主闻所未闻，好在梅子给了我许多，够我做上几十顿牛肉面。这种外形与紫黑桑葚极像的香料，据说是做兰州牛肉面的必备之物。

STEP 2

买牛腩或牛腱子肉一大块，回家切成小块后用清水漂除血水，冷水煮开焯水。将各种香料少许，以及生姜、切段的大葱放入砂锅，加入焯过洗净的牛肉块和清水，大火煮开后小火焖。

STEP 3

牛肉煮得酥烂时关大火，捞出牛肉，待凉后切成更小块。肉汤倒入另一容器中，去除各种香料，只留清汤。

STEP 4

大蒜若干瓣，白萝卜切块，与牛肉清汤同煮。萝卜将酥软时加入适量的盐入味。

STEP 5

牛肉萝卜汤快好时，用大锅烧水煮面。面条宜用生切面，不要太细，要带点儿碱。

STEP 6

面条煮好捞进面碗里，加切成小块的牛肉，再加萝卜和牛肉汤，撒香菜碎，舀一勺油泼辣子，加一点点香醋。味道如何，自己去感受。

春笋，春天就在舌尖上

大概是七八年前的春天，我第一次去航头附近的新场镇游玩，逛了古镇，赏了桃花，顺便逛了逛民俗庙会，吃了两只个头特别大的下沙笋丁烧卖。

我不是烧卖的粉丝，对竹笋也缺乏热情，但在春日野地里，对着望不到边的桃花林吃的烧卖，无论如何也是特别的。相较于普通烧卖，下沙笋丁烧卖口感湿润，竹笋特有的朴拙、清新感，是它最鲜明的特点。

家附近的一家大菜场，去年曾开过一家下沙烧卖店，尚未来得及捧场，它又关了。昨天去那菜场买几样特别的干货，曾空落许久的下沙烧卖店又支起了招牌，似有重新开业之势。南货店摊主同我说："春天了呀，笋丁烧卖好吃！"

我这才想起来，其实下沙烧卖是一种具有地域特色的时令点心，须在春天新笋上市时节，往浦东南汇方向漫行，才有机会吃到正宗的下沙烧卖。稍迟两月，春去夏来，竹笋长成了竹子，想吃笋肉烧卖，明春再来。

"春江水暖鸭先知"，菜市场里，春笋是报春的鲜蔬。

第一批上市的竹笋通常很贵，价格高过摊档另一头尚未落市的冬笋，堪比肉价。随后数天，竹笋大量上市，价格会缓缓下跌至一个买卖双方均可接受的平价。每日清晨，各个菜摊前一堆堆裹着新泥的竹笋，在摊主的大声吆喝下，分散到主妇们的小推车里。这时候，便是吃笋的旺季，晚餐时随便闯入一户人家，几乎都会在餐桌上看到一碗油焖笋，或是一锅腌笃鲜。

再往后，春雨渐歇，竹笋渐少，价格滑落到低点，摊主的吆喝不再起劲，买者却越来越挑剔，嫌弃竹笋不够嫩，嫌弃价高——"有啥吃头？这时候的笋，太老咯。"听听，这说法，简直像对待一截截竹子。

竹笋富含大量的纤维，这使得它的口感比较粗糙，即便是新上市的时候，喜欢细腻丰腴口感的人，如我，也会觉得春笋口感较粗。

即使不经常买笋吃，我也非常喜欢逛春天的菜市场。头茬韭、新蒜苗、新土豆……春意盎然，令人欣喜。

"夜雨剪春韭"，丰子恺在《湖畔夜饮》里提到这句诗。他说家中没有菜园，不曾种韭，即便有，他也不会去剪来下酒，因为实际中的韭菜，远不如诗句中的好吃。

"夜雨剪春韭，新炊间黄粱。"如若只读这一句诗，脑补画面，颇有农家乐的喜感。但看后面，"主称会面难，一举累十觞。十觞亦不醉，感子故意长。明日隔山岳，世事两茫茫"却是悲欣交集，感怀无限。

丰子恺写他和好友郑振铎的春日相聚，简直就是杜甫这首《赠卫八处士》的现代篇。

我在春天也容易多愁善感。比如我买一把掐得出汁的新蒜苗时，记忆点就自动落到许多年前的一个春日里，心底会响起一声

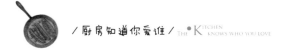

悠长的叹息。

高中二年级，三月的一个礼拜天，我骑着自行车去找湘玩。她是我初中同桌，高一时辍学去她父亲生前所在的工厂上班。我们经常在礼拜天见面，谈谈小说和诗歌，梦与远方。湘有着脱离熟悉轨道的茫然和惊慌，我有着沉沉的高考压力，所以，我们的话题虽然浪漫而富有诗意，语气里却有藏不住的愁绪。

那天我们从红钢城出发，沿和平大道朝长江大桥骑去。三月的风吹在脸上是冷的，动一动又会浑身冒汗。

我们一路经过武汉钢铁学院，经过水运工程学院，在湖北大学斜对面的一家小卖部门前停下来。

我们各买一瓶汽水，望着那所普通高校的大门，陷入沉思，直到呼吸变得均匀，体力重新恢复，我们才跨上各自的自行车，一路沉默着，朝长江大桥的桥头堡骑去。

江水浑黄，拍打着堤岸。灰蓝的雨云占领着城市上空，仿佛随时会落下一场真正的雨，淋湿我们17岁的春季。

还是那年春天，湘约我去武汉植物园赏花。那天中午我俩在一家小饭店里用餐，湘说她有工资，该她请客。我们点了一盘蒜苗炒肉片，一碗番茄鸡蛋汤。番茄蛋汤颜色鲜艳，蒜苗炒肉味道刚好。碧绿的蒜苗，粉嫩的肉片，加一点点酱油，越发勾人食欲。

记忆密码，一旦跟食物联系在一起，便具有了不可修改的魔力。我在每年初春头一回吃新蒜苗炒肉片时，都会顽固地想到湘。

因为家里的原因，湘并没有受到完整的教育，在夜校读完高中后，凭着自己的努力，她终于读了大学。跟我相比，她的人生并不顺利，每一步都走得艰辛，却很扎实。后来虽然我们分开在不同城市，却一直有联系。转眼过去20多年，我每次见到湘，眼前是当下的她，脑海里、心里，还是17岁那年春天的她。

年复一年，春笋变成了竹子；年复一年，主妇们都会在春雨刚过的季节聚集到自己熟悉的小贩前，一边嫌贵，一边挑着家人喜欢的春笋；年复一年，下沙烧卖的吆喝声都在固定的季节响起……时光仿佛就在一茬茬春笋变成竹子的轮回中悄然流逝，我早已为人妻、为人母，也早已不复当年心境，对春天的植物却一如当年，心怀怜爱和欣喜，总是迷恋它们那种新鲜而顽强的生命力，即使是对不那么爱吃的春笋，也远远地欣赏。

春光留不住，只求不辜负。春光正好，春意正浓，走，去市场，去田间，看一眼碧油油的蒜苗韭菜，尝一口春笋烹制的各种佳肴，生命就在此刻，野蛮生长。

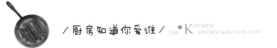

3　　吃花的梦

　　桂花开得最稠的时候，每早开窗，新换的空气，似由高纯度的桂花蜜转化而成。

　　这种浓烈的芬芳，并非人人可以消受。昔年我外婆拄着拐杖，被我领到青山公园赏桂，我把她安置在一棵桂花树下坐好，自己就跑开了。等我胡逛一圈跑回来，老人家已被浓烈的桂花香给熏醉，头昏眼花，把我给吓坏了。

　　我从不怕桂花香。每当这个季节，清晨开窗，必然深呼吸，像豪饮的女侠，来来来，先饮三杯桂花酿。

　　桂花酒，我没酿过，桂花酱我是做过的。邻居曾赠我一瓶当年的新桂花，是他母亲在江西亲手收的。将桂花用少许精盐揉搓后，腌制十来分钟，再加上蜂蜜或砂糖，即可腌制桂花酱。

　　每次开瓶舀一勺桂花酱，我就羡慕一回装桂花酱的玻璃瓶。一季的甜香，都被它装进了怀中，如此艳福，唯它可消受。

　　以花入馔，自带一种神仙范儿。

　　屈原的《离骚》有这样的句子："朝饮木兰之坠露兮，夕餐秋菊之落英。"初读《楚辞》时我还很小，自愿读它是为了逞能，为了有别于各位同学。阅读过程很痛苦，头晕头疼，光是从字面上袭来的各种植物芬芳就能把我给熏倒。别人读了《楚辞》有何心得，我不清楚，我只觉得作者距离我们太过遥远，整日跋山涉水，不食人间烟火，餐花饮露就够了。

然后，一位作家横空出世，她，同样不食人间烟火，同样古典风雅，但她可以理解，可以模仿。在20世纪80年代中期，她像一阵清风，轻悄悄地侵入全中国少女的芳心。

她就是琼瑶。据说，大多数读过琼瑶作品的人，都会把接触到她的第一部作品视为她写得最好的书。我最先读到的是《剪剪风》，"恻恻轻寒剪剪风"，好美。这本书的情节和文字，我至今都记得很清楚。

得悉琼瑶小说风靡全国，大批少女看过此人编造的故事后中了毒，我爸立刻给我买来六本，我估计他想让我看个够，看吐了，也就有了免疫力。我妈的态度截然相反，她本人爱看琼瑶小说，却不许我看。父母亲为此争吵了一番，我爸输了。

然而书已买回，我有的是办法读到它们。有时我确实会羡慕琼瑶笔下的人物，除了美和浪漫，我还羡慕女主角和母亲的关系。在琼瑶的部分小说中，女儿跟母亲的关系是平等的，好朋友一般，无话不谈，那些恋爱的秘密和痛苦、喜悦，都不妨说给母亲听。这一点，在我家是难以想象的。

看完《剪剪风》，我又看了《月朦胧鸟朦胧》。这本讲了一个很轻松的爱情故事，给我留下最深印象的人物，是情路坎坷的女二号裴欣桐。前夫形容她像花蕊夫人，"冰肌玉骨，自清凉无汗"。

哦，男主角有过这样一个前妻，谁还敢嫁给他？

"冰肌玉骨清无汗，水殿风来暗香满。绣帘一点月窥人，欹枕钗横云鬓乱。起来琼户启无声，时见疏星渡河汉。屈指西风几时来，只恐流年暗中换。"

这是孟昶为花蕊夫人写诗。少年懵懂，百思不得其解，一个人貌美如花也就算了，怎能做到清凉无汗呢？她叫花蕊夫人，又如此异于俗人，我用脚趾头想，也认为她不能吃热食，只可吃鲜花，喝露水。

作为一名热爱油炸、烧烤食物的少年吃货，这样的女人，不，女神，还是让我崇拜啊！

我也是吃过鲜花的人，可惜品种单一，只槐花一种，淡淡的甜味儿，口感很一般。我很想试试其他花儿，比如广玉兰的花瓣，因触感非常舒服，香气清淡，我总觉得它的口感一定会超过槐花。但我是有自知之明的人，深知别人并不比我笨，如若广玉兰的花瓣能吃，花开时节，必然有人守在树下，如同有人守在开花期的槐树下。

那年初夏，我被一股馥郁的甜香唤醒，睁开眼睛，床头柜上多了一只深褐色的小花瓶，瓶中插了一朵深红色的玫瑰。

妈妈推门进来，告诉我她下夜班回家时如何被一丛玫瑰花给吸引，折花时如何避开花刺，这又大又美又香的花朵如何招人喜爱……妈妈看上去非常高兴，我也从床上一跃而起，心情愉快，精神饱满。

从那天起，只要妈妈值夜班，次日清晨我的床头柜上必有一朵玫瑰。那是当日最美的鲜花，带着露水，正在绽放。我在令人愉快的花香中醒来，像在梦中一样，推门进来的妈妈，笑盈盈的，声音轻快地同我说着各种各样的小事儿。原来，女生的小心

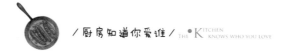
思、小秘密，说不说，妈妈都知道。

那个夏天，我新读了一套高阳的小说，讲的是乾隆的风流韵事。书中说，乾隆的生母会做玫瑰酱，用玫瑰酱做汤圆馅儿，乾隆特别喜欢吃。年代久远，我已不记得这部戏说历史的小说叫什么名字，只对玫瑰酱入迷，想象玫瑰馅儿的甜香，想象咬一口汤圆，唇间玫瑰盛开的香艳。

我跟妈妈说了这件事，妈妈不肯用她摘回来的玫瑰花试做玫瑰酱，但她肯定了高阳对玫瑰酱的描述。她说："玫瑰花香那么甜，吃起来肯定也不错。"

那年初秋，友人在朋友圈秀一个馅儿饼：深紫红的馅儿，润润的颜色，好像喷点儿水就能洇开，在宣纸上晕染出一朵晨雾中初开的花。

"是什么？"

"云南玫瑰饼。地址来，我给你寄。"

咬一口友人寄来的玫瑰饼，好似吃进了一个玫瑰花园。

我骤然想到30年前的初夏，想到那些如梦般的清晨。我渴望的母女之间如好友般的关系，在那个夏天，在不知不觉中，我和妈妈，早已悄然结盟。

4 大白菜，沉默自有筋骨

同一种蔬菜，各地叫法不同。上海人管茄子叫落苏，瓠子瓜叫夜开花，小白菜叫鸡毛菜，荸荠叫地梨……这些名字听上去都很不错，有的还藏着典故或传说，挺有意思。

我最早听说大白菜叫黄芽菜，是租住在田林新村时。那是老式的公用房，三户人家合用厨房，其中一户住着父女俩，女儿在读小学，父亲是爱喝酒的中年男人。男人对邻居，对外人，言辞总是粗鲁的、不逊的，对女儿倒还好。我从未听他抬高嗓门跟女儿说话，温情脉脉，笑意融融，是慈父。

有一天我在厨房忙着，听到他问女儿："爸爸做个黄芽菜肉丝给你吃，再炒个青菜，好不好？"

那女孩儿欢天喜地地应着，我不禁好奇地回头看了看，水槽边堆着几棵青菜和半棵大白菜，大白菜是从正中纵切开的，娇黄的叶片，半透明的菜梗，接近菜心的部分，颜色嫩得像刚冒出头的菜芽儿。

没错，比之大白菜，"黄芽菜"这个名字，无端端地添了几分柔腻，却更加贴切。

黄芽菜肉丝，又叫烂糊肉丝。将黄芽菜切得细细的，炒得软趴无形时，再加入爆过的瘦肉丝同炒。这样一盘黄芽菜肉丝，清甜可口，容易消化，很多人都爱吃。

可惜，味道虽好，却不合我的胃口。

有一次去某饭店点了他家的招牌菜——开水白菜。高汤的鲜和大白菜的清甜融合在一起，菜叶柔糯，入口即化，的确很有特色。

可是，舌头享受到了美味，牙齿却无用武之地，好像一个人的蛮力没有得到尽兴的发挥，这道开水白菜，跟黄芽菜肉丝一样，也没法让我喜爱。

年轻人，喜欢爽利的、有嚼头的食物，无论是开水白菜，还是黄芽菜肉丝（不，烂糊肉丝），在我看来，都像病号菜，或是老人小孩吃的东西。

北方人对大白菜的感情要深一些。

我有个初中同学，父母都是北京人，据她所说，她家最爱吃的就是大白菜。

汪曾祺在《胡同文化》中这样写道："北京人易于满足，他们对生活的物质要求不高。有窝头，就知足了。大腌萝卜，就不错。小酱萝卜，那还有什么说的。臭豆腐滴几滴香油，可以待姑奶奶。虾皮熬白菜，嘿！我认识一个在国子监当过差，伺候过陆润庠、王（土序）等祭酒的老人，他说：'哪儿也比不了北京。

北京的熬白菜也比别处好吃——五味神在北京。'五味神是什么神？我至今考查不出来，但是北京人的大白菜文化却是可以理解的。北京人每个人一辈子吃的大白菜摞起来大概有北海白塔那么高。"

我有一次去普陀山游玩，同行者买了许多当地产的虾皮。他说虾皮和大白菜一起熬，乃人间美味。他是青海人，定居上海多年，口味都变了，这道虾皮熬白菜，还是超爱。

在气候温暖的地区，在我的观念里，买一棵大白菜放在家里，主要是为了应急。遇到刮风下雨天，懒得出门买菜时，这棵大白菜才会受到重视，或做酸辣菜梗，或用白菜叶子和肉丸一起做汤。

这种时候多了，就像对一个需要经常相处却不是很欣赏的人一样，你得重新审视对方，甚至需要自审，尽量发掘对方的优点和特点，寻找愉快相处的方式方法。

我将大白菜称作黄芽菜，这是我重新认识它的第一步。

我渐渐发现，入冬以后的黄芽菜，本身鲜嫩多汁，带有淡淡的甜味，不腻不糙，味觉体验有层次感，算得上精致。而我一直不喜它的软塌无力，在时间的作用下，变成了它被我喜欢的优点——我的牙齿和胃口都不如从前，而软糯吸味的黄芽菜，可以让牙齿偷懒，又能满足口腹之欲。

我接受了黄芽菜肉丝，接受了开水白菜，甚至喜欢上了用黄芽菜做各种汤的汤底。尤其是用黄芽菜打底的砂锅、蛋饺、肉皮、熏鱼的滋味渗入黄芽菜中，美妙绝伦。

最有意思的是，黄芽菜吸味，也出味。它的本鲜是很难被淹没的，无论与之搭配的是山珍海味，还是其他菜蔬，舀一口汤汁，总能品出它的滋味。它特别配合地与食材伙伴们做一台大戏，不夺人风头，却也不会特意低调，任人忽略。

冬天来临的时候，黄芽菜被我一棵棵搬回家。它一如既往地硕大、沉重，一如既往地待在厨房的角落里，在其他菜蔬迫不及待地跳上案台，唯恐丧失新鲜度的时候，黄芽菜俨如它们的背景，缺乏作为。

但若是没有它，主妇的心里就不踏实。只有常年用心准备一日三餐的人，才会在时新菜蔬之外重视黄芽菜这样的厨房"老臣"，知道它粗笨外形之下的柔腻可人，也知道它顽固保留本味的特点。

这样一种菜，伴随我们度过严冬，不声不响，自有筋骨。

菊花清供蟹一笼

在南京实习时，室友鹊姐姐（梅子）邀请我们去她家玩，当晚就在她家打地铺。伯父伯母报出各样早点的名字，问我们明早想吃什么。我和刘宝宝都点了蟹壳黄，第二天一早，当我俩看到一盘黄灿灿香喷喷的小烧饼时，愣了一下，大笑起来。

蟹壳黄，源自苏北淮扬，和江苏泰兴黄桥镇的黄桥烧饼是一个品种。名称得自此烧饼的外形，饼面微微隆起，颜色好似蒸熟了的螃蟹。

而我和刘宝宝，都以为蟹壳黄是螃蟹的一种做法，两个好奇姑娘想试试南京人的奇异早餐，体验一番大清早吃螃蟹的感受。

年轻人，真是没见识啊！

说回到螃蟹，武汉人称之为螃海，但在上海，大家却管淡水蟹叫做大闸蟹。

对这种叫法，我不解了好多年，问过不少上海本地人，竟然都不清楚。据说，报人、小说家、翻译家包笑天先生曾查证过大闸蟹的由来，我在这里摘录如下：

"大闸蟹"三字源于苏州卖蟹人之口……人家吃蟹总喜欢在吃夜饭之前，或者是临时发起的，所以这些卖蟹人，总是在下午挑了担子，沿街喊道："闸蟹来大闸蟹。"这个"闸"字，音同sa（sa在吴方言中就是水煮的意思），蟹以水蒸煮而食，谓之sa蟹。

也就是说，清水蒸蟹，谓之闸蟹，久而久之，就有了今天的俗称。大闸蟹，将这种螃蟹的吃法也融入了名字中间。

每年秋天，从重阳节前后开始，就到了吃蟹的旺季。九雌十雄，指的是农历九月的雌蟹和农历十月的雄蟹最好吃，蟹肉饱满、黄膏丰腴，实为人间美味。

清代李渔自称蟹奴，他在《闲情偶寄》中说："蟹之鲜而肥，甘而腻，白似玉而黄似金，已造色、香、味三者之至极，更无一物可以上之。"

餐桌上若是有了一盘大闸蟹，其他菜都成了陪衬。蟹味至鲜，只须配一碟姜醋，就夺去了其他菜的味道。所以，即便大闸蟹只是酒桌上的菜式之一，也很容易抢去其他所有菜式的风采，只能作为压轴菜，最后端上餐桌。若是以蟹为主，事情就简单多了，配上几碟小食，备好黄酒，即可大开宴席。

我小的时候，爸妈就在家开过螃蟹宴。

从前螃蟹根本不值钱，用来宴客，一是便宜，二是简单，一笼一笼地蒸出来，有蟹有酒，足以飨客。

那时我根本就不爱吃螃蟹。我嫌它壳太硬，剥肉不易，嘴巴会被蟹脚戳痛，舌头会被蟹壳扎破。唯有蟹壳子里一团金红的蟹黄，或是白腻如酪的蟹膏，才能引发我的兴趣。雌蟹团脐，雄蟹尖脐，想吃黄或吃膏，将螃蟹翻个个儿，一只只查看。掀开蟹盖，专取那点儿膏黄塞进嘴里，余者如蟹腿蟹钳，全是连壳带肉粗略一嚼，便吐了出来。

有一年我忽然发现，不吃螃蟹久矣，便问我爸爸，为何这几年都没买蟹吃。我爸说，螃蟹现在是高价菜，没意思。

等到螃蟹再次出现在我家餐桌上时，我对它的态度就变了。小心剥出蟹腿肉，慢慢吃，慢慢品，也就吃出这家伙的美妙之处了。一顿一两只蟹，已然满足。回想小时候一顿吃掉十来只螃蟹的盛举，恍惚如梦，脸颊微红。

《红楼梦》里也开过螃蟹宴，是薛宝钗替史湘云安排的。吃过螃蟹又作菊花诗，风雅有趣，每每读到这一回，我都艳羡不已。艳羡的并非蟹味，而是风雅有趣和青春无敌。

这桩妙事，始于史湘云自罚做东，邀开诗社。话已出口，到了晚上灯下计议具体事宜时，湘云却犯了踌躇，邀社做东，虽是小玩意儿，也要花钱，湘云在家里做不得主，一个月通共那几串钱，就算都拿出来，做个东道主也是不够的。宝钗替她出了个主意，并且尽量淡而化之，叫一个婆子来："出去和大爷说，依前日的大螃蟹要几篓来，明日饭后请老太太姨娘赏桂花。你说大爷好歹别忘了，我今儿已请下人了。"

薛宝钗虑事做事极其圆融，但她在蟹宴结束时做的食螃蟹诗，却堪称辛辣：

"桂霭桐阴坐举觞，长安涎口盼重阳。眼前道路无经纬，皮里春秋空黑黄。酒未敌腥还用菊，性防积冷定须姜。于今落釜成何益，月浦空余禾黍香。"

读《红楼梦》，常会被问喜欢哪位人物，我喜欢薛宝钗，也喜欢林黛玉。年少时被女友们痛批：你既喜欢薛宝钗，就失去了喜欢林黛玉的资格！

其实，那时候我还有一句话没敢说：两相比较，我更喜欢薛宝钗。

我有一阵子在一家毛衫公司上班，负责带我的人姓何，因在家排行第三，公司所有人都喊她阿三。

阿三那时有40多岁，身材颀长，弱不禁风的样子，冲人一笑，却满面春风，让人不由自主地生出亲近之心。公司里的人评价她：生得像林妹妹，为人像宝姐姐，做起事情来么，又像是凤辣子。

起初我在公司总部办公，阿三每周要过来两三趟。大办公室的门被拉开一条缝，办公室里便爆出一声声招呼："阿三来啦！快点进来，快点！"

她这才把门完全拉开，肩上挎着大包，手里捧着一个大纸包，纸包里面是她给大家带的零食，话梅、杏肉、桃肉、杨梅、咸橄榄、蜜枣，各式蜜饯果脯一大堆，品种之多，分量之足，好似搬来一整个蜜饯柜台。

有两次她没带蜜饯，临时差遣我和公司另一女孩去办公楼边上的生煎馒头店里买几十只生煎回来，给大家当下午茶点心。

后来公司调整岗位，阿三负责所有专卖店，我算是她助理，跟在她后面打杂，有时也去某个店驻留几周。我发现店员们对她既畏惧又多巴结之意，畏惧是为她心细如发，谁要在经营上做点什么手脚，休想瞒得过她；巴结是为阿三有权调整所有店员的岗位，尽管各岗位的待遇相差不大，但对店员们来说，驻派的店铺是否离家近，上班时能否兼顾家庭，都是大事。

阿三是很讲人情的，尽量安排店员在离家最近的店里上班，根据每个人的年龄、家庭情况安排她们的班时，比如离家最近的、需要负责买汰烧（买菜、洗菜、烧饭、烧菜）的员工，可以申请上两头班，上午做家务，下午打个盹，店里营业高峰期时则必须在岗。

某分店有名失独店员姓张，40多岁时又生了个孩子，阿三对她非常照顾，额外允许她在上班时间去附近幼儿园接宝宝，把孩子安置妥帖之后再转回来上班。这段时间恰好是店里营业的一个小高峰，于是便有人愤愤不平，对这位店员冷言冷语。那天恰逢阿三在场，张店员同店长打过招呼后匆匆赶去接孩子，阿三听到其他店员的窃窃私语，当即大声道："我晓得你们在说啥，你们说我偏袒老张。我倒要问问了，我跟她非亲非故，凭啥要偏袒她？你们将心比心想想看，好好的女儿养到十二三岁，突然之间就没有了，该有多么伤心！再养一个，年纪大了，体力、精力都不够，自己爷娘（父母）也老了，不给她拖后腿就算阿弥陀佛了，不指望能帮到她。她过两年就要退休的人，为了这个小孩，到时候少不得还在外头做事赚学费。你们以为她愿意被照顾？换

位思考懂吗？你们有谁比她苦？"

　　一席话说得人人不响，加上张店员为人老实勤恳，之后便无人再为她所受到的"优待"而聒噪了。

　　普陀店有姓魏和姓高两位柜组长。魏组长跟阿三的关系非同寻常，两人是自幼一起长大的小伙伴，魏组长为人随和，总是笑嘻嘻的。高组长比较顶真，颇有纠错员的目力，常能挑出魏组长的纰漏。两人虽是分班搭档，一人管一班店员，彼此关系却势如水火。

　　普陀店的业绩经常高居榜首，似与这两位柜组长的竞争型合作关系有关。

　　人人都以为像阿三这样重感情的人，会偏袒魏组长，但她对两个人的态度却是一样的。有一次我同阿三聊天时谈到此事，她推心置腹地对我说："我要管那么多店，每家店里情况怎样，我要是只听一个人的，未必能得到真实信息。越是私交好的人，越容易给你惹麻烦。只有听到不同的声音，我才能知道真实的情况。不

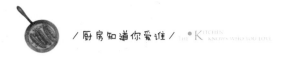

然的话，像我们这种管理并不严格的公司，店里的人要做点手脚，一点儿都不难。"

我微笑不语，内心却深为叹服。

晚秋时节，公司举行周年庆，所有员工在某酒店聚餐。席间厨师拿来一篓螃蟹给阿三看，一人一只，现蒸现吃。

阿三仔细检视了篓中螃蟹，叮嘱厨师蒸好一些。待得一大盘金红油亮的大闸蟹上桌，她拣了最肥的一只将它打包，递给魏组长。

"我胃寒，不好吃这个，你带回去给妞妞吃，大妈妈（阿三）好久没看到她了，下趟再买糖给她吃。"

那次聚会后我就离开了这家公司，再没见过当年共事过的那些人，忘了许多人的名字，也忘了她们的容貌。倒是阿三，她的模样，她说话的声音，与她有关的那些小事，还有她手中那只壮硕的螃蟹，我还都记得。

其实对于螃蟹，我更多在意的不是它的味道，也不是大闸蟹的贵价，而是与之有关的回忆和人。虽然工作后几百上千元一只的螃蟹吃了不少，却再也找不回当年跟爸妈在简陋的小桌上啃一只廉价螃蟹腿的那种滋味。就连跟阿三他们最后那顿聚餐，那油澄澄的大闸蟹，到底什么味道，竟也完全记不清。

今年在市场看到新上市的大闸蟹，依旧五花大绑，每只蟹脚上都挂了个身份标识，象征着它们的高贵与纯正，我不禁莞尔。吃蟹，在乎的就是那个架势和情趣，至于这蟹本身，到底是不是来自阳澄湖，仁者见仁，反正，我是不在乎的。

6　美酒加咖啡，我只要喝一杯

我有段时间经常阅读翻译腔浓郁的译本。语意晦涩不明，一句话够长，让人琢磨半天。我会把一段话读上一遍，再用自己的语言翻译一遍。

无聊吧？其实是出于愤怒，是无奈中的一种发泄方式。

在图书馆读过汤永宽译的《流动的盛宴》，非常喜欢，还书后立刻上网购买，汤本却已绝版，只好选了还算不错的其他译本，充填书架。每每想起此事，心里总是空空的，欲求不满。

《流动的盛宴》是海明威对自己早年巴黎生活的回忆。在这本书里，我发现海明威走到哪里都会喝酒。在咖啡馆里感到口渴了，他会叫上一杯酒润润嗓子；果腹时他用白葡萄酒配牡蛎；有时候他和妻子一起，去花园街27号拜访斯泰因，在她家里享用蛋糕和自然蒸馏的白兰地……他几乎总在喝酒。

欧内斯特·海明威的小说里也充斥着酒。有人统计过，《永别了，武器》中提到酒的地方有150次之多。这位大文豪曾说过，除了口感太甜的酒，他什么酒都爱喝。

海明威的美国老乡司各特·菲茨杰拉德，《了不起的盖茨比》的作者，他简直是酗酒。他太太，大美人泽尔达也爱喝酒。真是一对金童玉女，爵士时代的代表。

在回忆菲茨杰拉德的一篇文章里，海明威这样写到喝酒：

"那时在欧洲，我们认为葡萄酒只是一种正常的饮料，就像食物一样有益于健康……它和吃饭一样自然，而且我看也和吃饭一样不可或缺，因此吃一顿饭而不喝点葡萄酒或连一杯苹果汁或啤酒都不喝，对我来说是难以想象的。"

你们爱喝酒吗？

张潮的《幽梦影》，我很喜欢这一句："春风如酒，夏风如茗，秋风如烟，冬风如姜芥。"因这句话，《论语》中"莫春者，春服既成，冠者五六人，童子六七人，浴乎沂，风乎舞雩，咏而归"就有了醺然之意，吹过春风的古人们，一定有如饮过酒一般快乐吧？

我对酒感兴趣，最初是受这些文字的影响，有附庸风雅的成分。

在劝酒之风蔓延的国度，承认自己爱酒，其实是件危险的事，就像给人下战书一样，带有挑衅的意味——我爱喝酒，咱们比比酒量？

前同事是外形甜美、性情温柔的大庆女郎，有一次我们闲聊，她说她没事儿就爱喝点酒，我如遇知己，兴冲冲地邀她哪天小酌一番。我说我也爱酒，酒量虽浅，慢慢喝却很能喝点儿，白酒虽不大喝，一小盅的量是有的，三钱左右吧。

她谦逊地告诉我，她倒是更愿意喝高度白酒，酒量嘛，还行。

相处日短，她很快跳槽高就，联络渐少，直到再无消息，我也就失去了与她共饮的机会。

多年以后，朋友闻知此事，乐不可支："在我们东北，一个人说他酒量还行，就是怎么喝都喝不醉的意思。"

真是难为情啊！三钱，也就是15克的白酒酒量，邀善饮者小酌，难怪人家兴致不高。

独酌也不错。

"花间一壶酒，独酌无相亲。举杯邀明月，对影成三人。"

独酌之乐，乐在随心所欲。饮酒最宜自斟自饮，饮至微醺时的量，就是喝得正好。

大醉就免了。我大醉过一次，在大学毕业聚餐会上。我不记得那天谁没醉，也没数过自己喝了多少杯啤酒，只记得从小酒馆回宿舍的路上，脚底是软绵绵的。之后连续几天，走路时我都像踩在云朵上，在飘。

醉过方知酒量浅。饮酒如饮茶，如在《红楼梦》妙玉的栊翠庵中做客，像刘姥姥那般以茶解渴的，是牛饮；像钗黛那样的，才算是品。酒量浅的人也可以爱酒，没准比量深的人更容易获得饮酒的乐趣。

我第一次喝酒是几岁，毫无印象，第一次喝洋酒时的点点滴

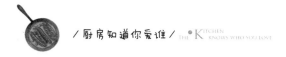

滴，倒是记得清清楚楚。

那是初中二年级的某一天，我去好友家玩。她家餐桌上有个长方形酒瓶，里面装有棕褐色的液体，正面和背面的标签纸上全是英文。朋友问我要不要来点威士忌，我想都没想就点了点头，我知道，威士忌是一种著名的洋酒。

她给我取了只小玻璃盅，斟了小半盅酒递给我。酒在杯中的颜色没那么深，呈琥珀色。我故作淡定地喝了一大口酒，不敢品味，赶紧咽了下去。她盯着我问道："味道怎么样？"我举起酒盅，做欣赏状，深沉地点了点头。

这时候，味蕾从突然与陌生物邂逅的惊诧中恢复正常，将威士忌酒的滋味一层层传递给我，不好喝，也谈不上难喝，总之很奇怪，很不适应。于是我皱皱眉头，问有没有什么菜，让我吃一口压压酒气。

她顺手从酒瓶边拿起一瓶腐乳。吃这个行不行？

那是一瓶广合牌腐乳。我没法忘记这牌子的腐乳，因为我人生中第一杯洋酒，第一杯威士忌，是就着广合腐乳喝的。

跟大麦酿制的威士忌相比，烈性洋酒中，我比较能接受的，还是葡萄白兰地，我喜欢它特殊的芬芳。

"美酒加咖啡，我只要喝一杯，想起了过去，又喝了第二杯。"邓丽君的这首歌，歌词虽忧伤，带出的画面和意境却很美。许多咖啡馆都提供兑酒咖啡，最典型的，莫过于爱尔兰咖啡。爱尔兰咖啡兑的就是威士忌。有时我也在家做一杯爱尔兰咖啡，兑的是白兰地。

有一次应邀去土豪朋友的别墅做客，宴客前，土豪取出十几瓶进口酒摆在一边，干红、干白、白兰地、起泡酒……酒未开瓶，已闻到盛宴的奢华之气。

"男人喝什么葡萄酒？得喝这种高度酒。"土豪举起一瓶人头马XO，"怕什么醉嘛，今朝有酒今朝醉，哪管明天XO！这种酒味道其实也一般，兑点可乐喝就好多了。"

我还在皱眉，一位漂亮的女士微笑着开口了。

"高度酒也是葡萄酒。白兰地是用葡萄做的蒸馏酒。这是XO，顶级白兰地，滴滴都珍贵，最好净饮，什么都不要兑……"

美女金口玉言，一瓶顶级白兰地免于被暴殄的命运。

白兰地是以水果为原料，经过发酵、蒸馏、橡木桶贮藏后而成的酒，通常指葡萄白兰地，如果是其他水果酿成的，前面要加上水果的名称，如苹果白兰地、樱桃白兰地等。

如何饮用白兰地？曾有亦舒师太的粉丝在网上发帖嘲讽另一女作家的作品，对比项目包括饮酒。亦舒作品的主角喝白兰地等酒，喜欢净饮；另一作家的小说主角饮酒必兑冰块、茶等。

土豪拿出的那瓶人头马XO，最好的饮用方式就是什么都不加，净饮，能最大限度欣赏到白兰地的高雅神韵。

而普通白兰地，贮藏年限较短，若是直接饮用，酒的刺口辣

喉感比较明显，净饮就不大合适了。加入冰块或茶水，既能稀释酒精，减少刺激感，同时又保持了原酒的风味。

那次酒宴，各方面的配置都很不错，佐酒的是进口高档蓝纹芝士，价格不菲。觥筹交错间，我想到多年前的那杯威士忌，想到那瓶广合腐乳，不禁莞尔。

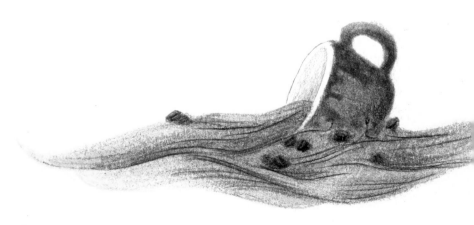

7 绝色倾城，唯有西拉

佳节要有佳酿。春节时我开了一瓶澳洲西拉，一瓶阿尔萨斯的雷司令。

在众多的酿酒葡萄品种中，我特别喜欢西拉，在我看来，它就是葡萄届的大美女，其地位等同于好莱坞明星伊丽莎白·泰勒，惊艳，但又不仅仅是靠先天条件取胜。就像人们想到伊丽莎白·泰勒时，首先想到的是她那张脸，可是杜鲁门·卡波蒂（《蒂凡尼的早餐》作者）却在一篇随笔中特别指出，泰勒非常喜欢读书。"她以随意的阅读方式吸收了大量的书本内容，并对文学创作过程有着深刻的理解。"

卡波蒂认为，泰勒是一名干净利落的专业人士。

伊丽莎白·泰勒，1932年2月27日出生在伦敦，7岁时随父母移居美国好莱坞。从9岁第一次出现在屏幕上开始，在长达70年拍摄的50多部电影中，泰勒曾两次获得奥斯卡最佳女主角奖。她的演技受到如此肯定，评论家却对此时有保留。都怪她太美了，美到演技被人故意忽略，而实际上，倘若不够专业，仅靠外表和天分，泰勒演不了那么久。

10岁就与美国环球公司签约的泰勒，12岁主演《玉女神驹》；在《郎心似铁》中扮演的富家女予人极深印象；1958年拍摄的《热铁皮屋顶上的猫》，她在其中扮演一位风情万种的性感女郎……

泰勒的多变形象与游刃有余的专业技能，在全世界受到的广泛欢迎，都令人叹为观止。如同我偏爱的西拉葡萄酒，纵横新旧世界，各具特点，都展现出了迷人的风姿。

卡波蒂也写到过伊丽莎白·泰勒的外表："相对躯干而言，她的腿太短，头部对于整个身体而言也显得过大，但她的脸和那双丁香紫的眼却是囚犯的美梦……如此虚无缥缈，如此遥不可及，却又如此恬静羞涩，晶莹易碎，带着人性的温情，那双丁香紫的眼眸后面闪烁着丝丝怀疑的神情。"

哦，囚犯的美梦。众所周知，1788年，澳大利亚沦为英国殖民地。与其他英属殖民地不同的是，起初42年，这里是专门流放犯人的殖民地。

英国人希望在这片土地上复制一个波尔多，但第一批来自欧洲的葡萄苗，在澳大利亚炎热的气候下，无论种植还是酿酒，都遭遇了失败的结局。

什么葡萄品种才能适应澳洲的气候和土壤环境呢？

1805年，澳洲绵羊畜牧业之父约翰·麦克阿瑟在他的牧场上开垦了葡萄园。1815年，他带着两个儿子前往法国考察那里的葡萄园并采集了一些葡萄插枝。在返回途中路过马德拉岛和好望角时，他们也进行了同样的活动。

澳洲的米契尔图书馆至今仍收藏有约翰·麦克阿瑟当年移植葡萄的相关文件。在其中一份名为"1817年至1873年园艺移植清单"的文件中，列出了经过漫长的海上旅程后仍然存活的植物品种。在清单中的葡萄品种部分，第一个列出的是西拉葡萄。

西拉葡萄是一种古老的葡萄品种，外表同赤霞珠葡萄非常相似，果小皮厚，颜色深黑，法国隆河一带曾经大面积种植，并是当地非常流行的酿酒葡萄品种。谁也不会想到，就是这种葡萄，在澳洲的炎热气候下，表现得近乎完美。

1817年，麦克阿瑟的葡萄园开始真正运作起来，这个葡萄幼苗培育基地成了当时整个澳洲葡萄幼苗的重要来源。而西拉，在澳大利亚，只要有葡萄的地方就有西拉，大约一半以上的葡萄种植区的葡萄藤上挂的是西拉。

从北半球到南半球，从冷凉气候带到温暖气候带，西拉葡萄的魅力在于它能够适应各种各样的气候条件，并且在大部分情况下表现良好。

通常，在冷凉气候中生长的西拉，会呈现出些许辛辣的口感，香料味道比较重，酸度较高。法国隆河河谷地区的多是此类。而在炎热气候中成长起来的西拉，拥有较重的浆果芬芳，甚至是果酱般的浓重甜香。与隆河河谷产的西拉葡萄酒相比，澳大利亚西拉葡萄酒的口感更加香甜成熟，带有更多的巧克力风味。

产区气候、风土和酿酒工艺上的差异，使西拉葡萄能酿成风格迥异的葡萄酒。西拉在澳大利亚的完美表现，使它得到最广泛的种植，也使得法国隆河地区的产量退居其次。而美国、南非、智利、西班牙、意大利等地也不愿意放弃这样一个容易出产高质量酒的葡萄品种，均有相当面积的种植。

像西拉这样的葡萄，算得上葡萄届最具有专业素养的品种。不同的环境赋予它不同的魅力，但也可以说，它能在不同的环境中释放它与环境最契合的激情。

伊丽莎白·泰勒也是专业演员的典范。她并非本色出演，至少在内心深处，她其实是抗拒某些角色的。

比如1960年，伊丽莎白·泰勒接拍了《青楼艳妓》。"她一想到要扮演约翰·奥哈拉的《青楼艳妓》——这个多灾多难的奉行享乐主义的女主角，她就感到愤懑。她有法律上的义务，不得不去演这个角色（因为如此，她后来赢得了奥斯卡奖），但是她希望自己可以从当中走出来，因为'我不喜欢那个女孩，我不喜欢她所代表的东西。她那低俗的空虚，那些男人。随随便便与人上床。'"

我相信卡波蒂对泰勒的理解——专业人士、博览群书、道德主义者。尽管伊丽莎白·泰勒绝色倾城，情史丰富，一生结过八次婚，但她说："我只跟成为我丈夫的人上床。"

泰勒用事实击碎了人们对她的私生活的误解，就像人们都以为明星是靠脸吃饭的那样，卡波蒂指出泰勒是一名专业人士。

人们都说当今世界是个看脸的世界，这是玩笑话，也有认真的意思，然而归根到底，能走多远，还得看你在专业上下了多少功夫。

西拉葡萄具有专业素养，泰勒作为演员的专业水准极高。在我的朋友中，也有这样的人。

Emma是有性格的美女，高学历、高智商，精力充沛，反应极快。然而她毒舌、傲娇、坏脾气，喜怒形于色。这样的Emma，是公司最倚重的高级经理，职场金领。牛气的、挑剔的、难搞的大客户，要求极高的大专案，全靠Emma出手摆平。

聚会时我们说："你吃得开，还不是靠颜值高。"Emma饮一口西拉干红，嫣然一笑："不！全公司要是能找出比我更专业的人士，我认输。"

没错。玩笑归玩笑，我们都相信，最专业的Emma，对得起她的金领称谓。

8 用时间，煲一锅幸福

天冷了，要把锅端上桌。

跟火锅要连炉子一块儿端上桌不同，吃砂锅不用端炉子，它在离火后好几分钟内还保持着"笃笃笃"微微沸腾的状态。砂锅的保温性好，散热慢，一顿饭吃下来，锅中食物将尽，锅子仍是暖的。

说到砂锅，印象最深的是一段文，然而写的又并非砂锅，而是铁锅——胡适家的锅。

梁实秋的第一任太太程季淑是绩溪人，所以胡适先生在饭局上向人介绍他时常说，这是我们绩溪的女婿。绩溪最著名的菜，就是一品锅。

梁实秋在《胡适先生二三事》中这样写道：

"胡先生住上海极司菲儿路的时候，有一回请'新月社'一些朋友到他家里吃饭，菜是胡太太亲自做的徽州著名的'一品锅'。一只大铁锅，口径差不多有二尺，热腾腾的端了上桌，里面还在滚沸，一层鸡，一层鸭，一层肉，一层油豆腐，点缀着一些蛋皮饺，紧底下是萝卜青菜，味道极好。胡先生详细介绍这一品锅，告诉我们这是徽州人家待客的上品，酒菜、饭菜、汤，都在其中矣。"

读这篇文章时是20世纪90年代初，我对胡适所知甚少，只对这道一品锅垂涎欲滴，对胡先生羡慕不已，因为他有口福，娶了一位善做菜的太太。

后来我陆续读到一些关于胡适的文章，才对他多了些了解。

民国时期七大奇事之一，"胡适大名垂宇宙，小脚夫人亦随之"，说的就是胡适和太太江冬秀。江冬秀是胡适母亲选定的儿媳。事母至孝的胡适，虽有抗婚之意，却不愿使母亲难受。两人于1904年定亲，江冬秀在深山里年复一年等了13年，直到1917年12月30日，27岁的胡适与28岁的江冬秀方才举行隆重而新潮的婚礼。

跟那个时代许多名人的原配相比，江冬秀是幸运的，但客观地说，江冬秀本人也不是没有见识的村妇，她的个性热情明朗，善于理家和理财，又懂得抓大放小，不琐碎，行事有魄力，远胜一般女子。这些都令胡适惊喜、敬佩。

两人婚后聚少离多，常常书信往来，江冬秀识字不多，给胡适写信，却绝不用别人代笔，病句白字一大堆，感情却直白真挚，让胡适看了心中欢喜。

他们夫妻生活的常态无关精神、灵魂，而是热腾腾的感情，实打实地过日子。胡适有过好多次动心动情的时刻，最出名的，应数他与表妹曹诚英的那一段。江冬秀与胡适大吵大闹，有一次，她顺手拿起裁纸刀朝胡适掷去，幸好没有掷中，但此事传来

传去，变成江冬秀拿着菜刀挟持两个儿子要跟胡适拼命。

跟现今那些得势丈夫有了外遇，做妻子的自觉反省，忍气吞声甚至曲意讨好的例子相比，江冬秀早在多年前就给女人们上了生动的一课。

尽管胡适大名鼎鼎，江冬秀却从未将自己放在卑微柔弱的位置上。江冬秀能在深山中苦等胡适十几年，听从胡适的劝告，学识字，放脚，写信；能在婚后操持家务，照顾胡适族中亲友，当好女主人。她与胡适的婚姻，是用时间熬成的你中有我、我中有你的混沌，虽然缺乏新鲜刺激感，却能带给彼此安适的生活。

就像他们老家最著名的一品锅一样，混在一起的那些食材，谁敢说鸡鸭肉蛋高档，萝卜青菜低端？

一品锅适合天冷时享用，梁实秋写的关于胡适的文章，我也应该是冷天时所读，否则不会念念不忘这道美食，一有机会就依法炮制。

一层一层，底层配料是素菜，称为"垫锅"，垫锅之上是荤菜，一种菜一个花样称为"一层楼"，楼数越多、层次越高越好。

食材容易准备，难的是那样一口锅。锅必须很大，才能容纳下这样多的材料。偷工减料可不行，一品锅的特点就是食材丰富，花样少了，味道就淡了。

我没有那样大一口铁锅，但有一只口径很大的砂锅，完全可以胜任做这道菜的容器。

剩下的就是准备食材了。得了闲，我会炸上几十只肉丸，再做几十只蛋饺，放在冰箱里冻起来。不知做什么菜时，或忽有客人来访需要添个菜时，我便从橱柜里取出大砂锅。

大白菜是冬季家中常备菜，也是砂锅最忠实的班底。它不怕久炖，越炖越有滋味。剥几片大白菜叶子，将它们切成手指宽的长条，铺在砂锅里。再在大白菜上依次铺上冬笋片、油豆腐、肉皮、咸肉、肉丸等食材，最上面铺一层蛋饺，浇上高汤，文火慢炖，使所有食物的滋味互相渗透，颇合袁枚的"有味者使之出，无味者使之入"。这样一只砂锅，有荤有素，有菜有汤，操作方式简单，所需的无非是时间，滋味却很是不坏。

时间若是不够，匆匆忙忙大火催熟的各种食材，还来不及与彼此融合，虽然保留着各自的"风骨"，但对于这道菜而言，却是不适宜的。汤的浓度不够稠，像白水掺了点各种食材的味道，淡寡寡的，少有回味。

非要用文火慢炖几个小时，再把砂锅端上桌，热热闹闹，浓浓稠稠的，那种滋味，才足以抵御户外的寒冷和内心的寂寥，才是幸福的味道啊！

野外餐桌，快乐没有理由

遇上好天气，人在屋子里是待不住的，只要条件许可，总会出去逛逛。

有阵子我特别喜欢去共青森林公园。游乐设施玩个遍后（过山车除外），烧烤区租个棚子玩玩烧烤，上午十点左右入园，夕阳西沉的时候，去乘一次小火车，下车时，情不自禁地以为自己是出了趟远门，尽兴而归。

第一次去烧烤区玩，时间太晚，烤棚已租罄。我和朋友兴致不减，买了一次性的烤炉和腌制好的食材，在水岸边找了块平整的草地，用两个板凳拼成餐桌，铺上一次性桌布，摆上饮料、水果。

低矮的"餐桌"，像孩童在油画布上横空添出的一笔，忽然就把一幅风景画变成了童画。

如此拙稚，像小朋友过家家，让老于世故的人沾沾自喜，以为自己返老还童、返璞归真了。

总之，还没开烤开吃，我已给这顿饭打了满分。

烤烤吃吃，忙乱、狼狈，但太阳暖暖地照着，空气中是烤肉和植物的香，骨头里的潮湿恨不得都被这暖和香给逼出来、诱出来，人不快乐都不行。

有时我们去世纪公园闲逛，带了零食、水果，又去全家便利店买了便当，在公园草地上铺上桌布，席地而坐，边吃边看风景，没有饮酒，已醺醺然，舒服得只想躺在草地上睡一觉。

某天独自办完事，想到世纪公园就在附近，我买了饭团和饮料入园逛荡，累了，便找张长椅坐下。

微风撩人，一只小鸟被风吹来的食物香给诱到了，飞到我身边，围着搁在长椅上的饮料瓶绕了两圈，冲着正吞咽饭团的我"啾啾"叫着，迟疑了一秒钟，终究不耐烦，纵身一跃，便飞到了别处。

我心说：嗳，别走！

至今我还记得当时那微妙的感觉，既有一种偷着乐的喜悦，也有一种傻呆呆的寂寞。

走出户外，想邀请这地球上的另一种生物共进午餐，却语言不通，不知如何交流。那种寂寞，简直算得上宏大。

把餐桌搬出门，是一种野趣，有着不经意的浪漫。

《飘》这本书讲的是不是一个浪漫的故事呢？如果是，从第一页发生在斯嘉丽家门廊的那场谈话，画面已越过塔拉庄园，穿过山道，过了河，驶上山丘，直接抵达十二橡树庄园，来到老橡树林的户外烧烤野餐会场。

"野餐用的长桌总是摆放在最浓密的树荫下，上面铺着韦尔克斯家最精致的台布，两边安放着无靠背条凳。另外，林地上还散开摆放着从屋子里搬出来的椅子、坐墩和靠垫，让那些不喜欢条凳的人坐。烤肉和架着大铁锅煮调味汁和炖菜的火沟距离客人相当远，为的是避免烟味呛着客人。"

在这次野餐会上，我们可爱的女主人公斯嘉丽与瑞德船长初次相遇，任性的姑娘被阿希礼给拒绝了，在这次野餐会上冲动地答应了查尔斯的求婚，成了阿希礼的太太玫兰妮的弟妹。

除了这类野餐，人们何时会把餐桌搬出门呢？

1881年，印象派画家雷诺·阿在作品中细致描绘了户外聚餐时的快乐情景，这幅画名为《船上的午宴》。

在当时的巴黎，人们常去福尔奈斯餐馆消磨夏日悠闲的时光。Maison Fournaise餐馆招待来自不同阶层的客人，包括上流社会的贵妇、画家、女演员、作家、评论家、女裁缝、女售货员等。

整个画面上男女人物的数量差别不大，看得出来，画中起着引领作用的是女士，饮酒、谈话、休息，男士们的目光追随着女士们。

无论是在船上，还是在露天遮阳伞下，或是在庭院中、花园里，把餐桌搬出门的首要条件，似乎是遇到一个好天气。风和日丽，不冷不热，才能给户外用餐增添趣味。

但也不尽然。

武汉是出了名的火炉城。夏天的傍晚，光线宜人，暑气稍退，正是一天中最适合进行户外活动的时间段。在没有空调的夏季里，把餐桌搬出家门，在户外吃晚饭，是武汉特有的风气。

准备炒菜了，天色还是明晃晃的，白得耀眼。父母亲拎出一桶水，一遍遍浇着门前的水泥地。浇第一遍时，可以听到"嗞嗞嗞"的声音，水泥地面上升腾起一层白色的水汽，夹杂着水腥的空气扑鼻而来，有点好闻，是这个季节、这个特定时刻的气息。几遍水浇上去，地面不过微潮，偶有几处残留着小片水渍，人站在水泥地上，却明显感觉到温度降低了，凉快。

竹床搬出来了。炒好一道菜，就被端到竹床上。四菜一汤烧好，我们一家四口便找了小板凳，坐在竹床两侧，一边挥汗如雨，一边有滋有味地吃起晚饭。

不单是我们家，隔壁左右的晚餐情形与我们几无区别。这样一来，夏季傍晚的楼房外，就呈现出野餐似的场景。不单单是一楼的住户，楼上的人家也会端出饭菜，搁在相交甚好的一楼人家的竹床上，两家的饭菜并在一起，家常饭就成了小聚餐，大家吃喝谈笑，间或跟几米远的另一张"餐桌"旁的邻居们聊几句。

融融洽洽，亲亲热热，好像所有人之间都没吵过架，没有隔阂或龃龉，但我知道是有过的。大概在类似野外的餐桌旁，在流动的空气中，快乐自然而来，不经意地就把那些疙疙瘩瘩给忘了吧？

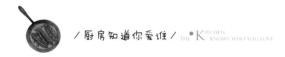

等到吃好晚饭，天已全黑，大人小孩一起收拾好碗筷，再回到户外，还是那张竹床，还是那些板凳。或坐或躺，或聊天，或发呆。昏昏欲睡之际，一阵晚风吹来，将暑气荡开，令人心神一晃，刹那间，恍惚不知身在何处。

户外用餐，吃的是什么，味道如何，很快就会忘记。当我们置身于户外，置身于大自然，天空辽阔无边，植物色彩缤纷，人变小了，感官印象被放大了，记得的是空气的气息，是风拂过脸颊的触感。那些感觉，既真实又虚幻，真实得让人记住野外用餐的美妙时光，虚幻得令人心生惆怅。我是谁？谁又是我？

那短暂的放松，便是户外餐桌大受欢迎的理由。

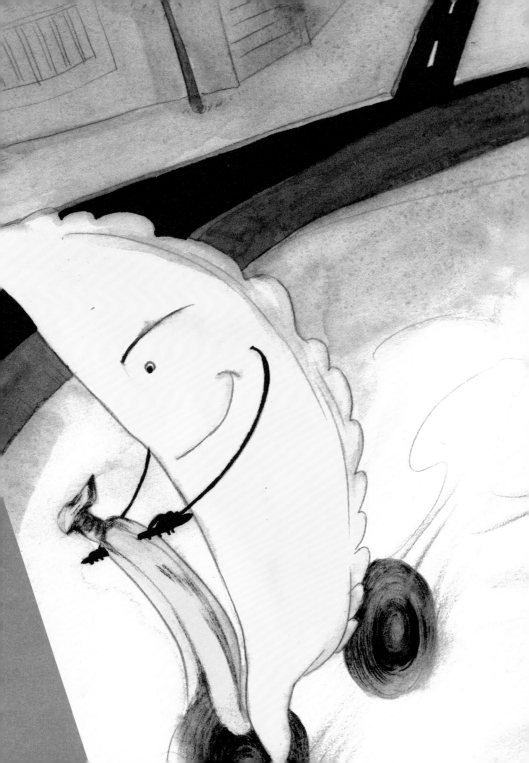

Part
4

一个人的盛宴

一个人吃饭时，
我会想念吃食堂的日子。
一个人，一只饭盒，一把饭勺，一叠饭票，
快速、经济，
完全满足我的需要。

1 如果只能做一道素菜

一个人吃饭，如果是偶尔为之，一个"混"字，基本可概括这顿饭。

剩菜剩饭热一热，煮碗泡面，来两块点心，吃个水果，或者打着减肥的旗号饿肚子，都算是一顿。

可是，如果连续好几天都得一个人吃饭，这样子是混不下去的。

一天之中，至少有一顿饭要与人共享，这样的生活才不算孤独。可是，总有这样那样的时候，你要一个人吃饭，自觉不自觉的，你得学习跟自己相处。这时候，日常饮食就成了极其重要的活动。

煮饭，做菜。煮一人份的白米饭好说，量好米，加入适量的水，余下交给电饭煲去解决。做菜则有点儿费心思，若要荤素搭配，口味多样，就得多炒几个菜，每一样分量少一点儿。但通常情况下，一人食，愿意在厨房里大动干戈的人还是不多。炒一盘既有营养又好吃的菜，大概是大多数人的选择吧？

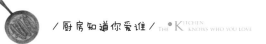
　　如果只能做一道菜来配饭，并且只能从蔬菜、豆制品中选择食材，你会选什么呢？

　　这问题交给我，我会选茄子。

　　因为我不是素食者，茄子是蔬菜，却具有丰腴肉感，做法多样，口味变化多端，是一种堪称神奇的植物。

　　我妈极少买茄子做菜，她说她小时吃多了此物，伤了胃口。

　　我在食堂吃到的茄子也确实难吃，皮厚，籽多，茄子肉烧得烂糟糟的，带着浓重的水汽，有时甚至还有点儿泛苦。

　　我爸爸喜欢做清蒸茄子，将茄子切成条状，加蒜末、盐、酱油、葱花，隔水蒸熟，出锅后淋上一勺麻油，软糯可口，带有茄子特有的清香味，可瞬间覆盖掉食堂茄子带给人的可怕印象，让我爱上这种蔬菜。

　　但我爸只有清蒸茄子做得好，烧茄子、炒茄子，都不受欢迎。

　　为何我家的茄子做得不够好吃呢？我留意观察，很快找到原因。

　　让茄子好吃的要点之一，是在它从外到内彻底熟软之前，绝对不能加一点儿水。此外还要注意茄子的品种，有些皮厚的茄子，最好削皮后烹饪。绿皮茄子的皮虽厚，却不必削皮，用它做油焖茄子，口感很不错。

　　我上大学时在食堂里吃过一道特别好吃的茄子菜。茄子的个头极小，均只有手掌般长，连皮带梗一起炸过，浸在用蒜泥、红油等调味品做成的酱汁里。一根茄子卖五毛钱，买上两根，可以吃掉三两白米饭。

浙江某地有一种咸菜，用拇指长短的小茄子做成，味道自然是咸的，还是有茄子味儿，很有咬劲，配白粥很妙。

喜欢一样东西，就愿意去琢磨它，了解它的长处，也接纳它的缺点，这样才能扬长避短，尽可能享用它的好。

我擅长烹饪茄子、蒸茄子、拌茄子、油焖茄子、红烧茄子、鱼香茄子、豆瓣茄子、烤茄子，茄子怎样做都好吃。当然，哪怕是茄子这样随和的蔬菜，用它做菜，前提也要新鲜。

我也擅长挑选新鲜的茄子，摸上去软而韧的茄子比较鲜嫩，硬邦邦的茄子则多半老了。普通的紫皮长茄子，可以看它的蒂和果实之间那道白色的间隙，俗称"眼睛"。间隙越大，眼睛越大，茄子就越新鲜。

关于茄子，《红楼梦》里有一段著名的描述，在第四十一回里，抄录如下：

贾母笑道："你把茄鲞搛些喂他。"凤姐儿听说，依言搛些茄鲞送入刘姥姥口中，因笑道："你们天天吃茄子，也尝尝我们的茄子弄得可口不可口。"刘姥姥笑道："别哄我了，茄子跑出这个味儿来了，我们也不用种粮食，只种茄子了。"众人笑道：

"真是茄子，我们再不哄你。"刘姥姥诧异道："真是茄子？我白吃了半日。姑奶奶再喂我些，这一口细嚼。"凤姐儿果又搛了些放入口内。刘姥姥细嚼了半日，笑道："虽有一点茄子香，只是还不像是茄子。告诉我是个什么法子弄的，我也弄着吃去。"凤姐儿笑道："这也不难。你把才下来的茄子把皮签了，只要净肉，切成碎丁子，用鸡油炸了，再用鸡脯子肉并香菌、新笋、蘑菇、五香腐干、各色干果子，俱切成丁子，用鸡汤煨干，将香油一收，外加糟油一拌，盛在瓷罐子里封严，要吃时拿出来，用炒的鸡瓜一拌就是。"刘姥姥听了，摇头吐舌说道："我的佛祖！倒得十来只鸡来配它，怪道这个味儿！"

据说有人依法炮制过这道茄鲞，滋味并不佳。想来也是，茄子没了茄子味儿，还能好吃吗？

曾读过一篇写茄子的短文，标题似乎就叫《茄子姑娘》，意指有种女孩毫无个性，跟怎样的男人在一起，就会变成与之接近的人，像茄子一样，跟肉同炒就有肉味，做鱼香味的，就有鱼味。

对此文留有印象，主要是我觉得作者的观点颇为可笑，乍一听似乎很对，稍微一想就知上了当。

不了解茄子，或者说不愿意去了解茄子的人，确实会把它的随和、易搭视为缺乏个性。

肉末茄子煲和鱼香茄子是家常菜，茄子并未失去原味，口感更厚重些罢了。

跟藕夹一样，茄子也能镶肉，用面糊裹了，做茄盒，入口绵甜，虽与肉糜一道入了油锅，茄子味儿也还在。

要让茄子像茄鲞那样辨不出本味，难！

一根茄子，变化多端，滋味丰富，随和、包容，却不失自我。可以独立成篇做一道素净佳肴，加点配料又变得丰盛宜人，一个人吃饭，有了它，无端端地就生出丰俭由人、自在花开的小欣喜。

写到这里，我忽然觉得，茄子其实很高贵。

青菜不是唯一的青菜

朋友给我寄来四川的冬菜和花生酥，不知为何，她在包裹里又夹了一袋青菜籽。我欢天喜地撒了一把菜籽到花盆里，没几天就长出了几十棵绿芽。朋友在QQ那头大笑，小小的花盆只容得下几株青菜，我若不赶紧将这些幼苗分盆，它们是长不大的。

我没有照办。新长出的幼苗娇嫩可爱，我怕自己重手重脚，碰坏了它们。

青菜一点点长大，我一日看三遍，喜不自禁，计划着拍照、摘菜、清炒、做汤、发微博、写文章，好好记录一番。

然而有天清晨醒来，我照例去阳台上欣赏这盆菜时，梦碎了。

一夜之间，纤弱柔嫩的青菜苗儿们，从头顶绿叶到枝干中部，齐刷刷地不见了，光秃秃的小菜梗儿上，趴着一条又一条肥肥绿绿的毛毛虫！

天哪！毛毛虫们正在享用鲜嫩可口的美餐！

它们是从哪里来的？如何长得这般肥大？为何我一点儿都不知道？它们竟没留下蛛丝马迹，空降兵一般，一夜之间占领了青菜的家园！

心痛之后，我越发理解青菜要多洗、浸泡，设法去除农药的道理。

青菜小时候是鸡毛菜，后来是青菜，再后来是菜秸，顶端挂着花蕾，再不抓紧时间享用，就要开出菜花了。

青菜的名字很多。因其叶子质感润泽，碧油油的，东北同学管它叫油菜；湖北人叫它小白菜；我来上海前，一位阿姨向我大力推荐上海青，她说这种青菜个头矮矮胖胖的，味道极好；我有个朋友偏爱长杆青，脆、多汁，吃起来爽；卖菜的江苏籍摊主在菜筐上插上纸牌，上面写着"太湖小棠菜"，青梗绿叶，口感肥美。

青菜不是唯一的青菜，青菜本身已有这么多品种，但还有很多人将绿叶菜统称为青菜，像菠菜、蕹菜、空心菜、米苋、生菜……都叫青菜。

于我而言，每天吃点青菜，与其说喜欢吃它，不如说是习惯。除了霜降后的青菜口感软糯，带着几分甘甜，其他季节吃青菜，是出于营养均衡的需要，从青菜中摄取维生素、叶绿素等人体需要的物质。

青菜不是唯一的青菜，一年四季占领餐桌的，却是它。青菜有几十种做法，可是，就像天天吃白米饭一样，天天吃青菜，我们却不大高兴经常换着花样烹饪，最常见的做法，非炒青菜莫属。

一把菜清洗干净，热锅热油，急火猛炒，加点盐，待青菜变软变熟，就可起锅装盘，成为餐桌上的一道菜。

如此简单，一个厨艺尚可的朋友却同我抱怨："我炒青菜经常容易炒煳，怎么回事？"

某日恰好在她家赶上午饭的钟点，她切了一盘卤牛肉，炒个番茄炒蛋，又洗了把青菜。

青菜被掰成一片片的，火大，油少，薄薄的叶子与热锅的接触面很大，迅速吸热，若非她动作快，这盘炒青菜难免又有几片要焦掉。

不吃饭会饿，不吃青菜，大不了少点儿维生素。很长一段时间里，我家的炒青菜都是装饰品。一盘碧绿的青菜端上桌，夹上一筷子送进嘴里，心理上获得的安慰远超生理上获得的维生素。

为了让大家爱上吃青菜，我动了许多脑筋。炒青菜吃腻了，我就做白灼青菜，将青菜在开水中烫熟，另外做蘸料。可惜，新鲜劲儿只维持两天，白灼青菜比炒青菜的遭遇更惨。

把青菜叶子和梗子分开，用刀将菜梗片薄，与肉片同炒，滋味不错；将青菜用盐爆腌半天，捏去水分后，加辣子、蒜末、姜末炒，味道也很好。但这两种都算不上单纯的炒青菜，天天吃，照样会腻。

简单的菜，缺乏挑战性，却最容易看出一个人的功底。毛手

　　毛脚地炒一盘，稀里糊涂地烧一锅，绞尽脑汁地做一碗，成品大同小异，口感区别也不会太大。

　　然而正是那"不大"的区别，决定了这道菜的最终命运。

　　青菜本身的滋味很平淡，有时甚至有点发涩，给人苦寒之感。炒青菜的程序简单至极，如何炒出一盘人人都爱吃的青菜，让它入口清爽，口感好，滋味诱人呢？

　　我试过炒青菜时加一勺猪油，用以增加菜的肥腴感。为了防止将它炒得太老太干，我会在炒菜前将装满青菜的篮子在水龙头下冲淋一道，让叶片上挂着水珠，想让青菜的口感更嫩一些。此外我还用剪刀，沿着青菜筋脉的反向，将一片片青菜剖成两三

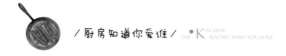

份，这样可以使青菜的各个部分均匀受热、入味，又快熟又好吃。

这些方法有效地改善了青菜的口感，但还远远没到受欢迎的程度。饭店里的炒青菜比我做的好吃，我以为是增加了太多调味品的缘故，并不欣赏，但有一天我茅塞顿开，决心放下成见，在炒青菜时也增加些作料和调料。

果然，秘诀就在这里。

剥两瓣蒜，拍碎，干辣椒一到两个。油热之后，用蒜头和干辣椒爆锅、增味。不喜辣的可以在下入青菜前将煸过的干辣椒捞出。

青菜不宜太多，多了则炒不开，无法获得热锅爆炒的爽快。

炒青菜时须用较多的油，入锅后快速翻炒，使油均匀地包裹在青菜表面，锁住菜里的水分。青菜炒至七分熟时再放盐翻炒一下，起锅前淋一勺生抽酱油。起锅，装盘。

依然是非常简单的程序，却解决了青菜不受欢迎的难题。这样一盘炒青菜，通常能够被一扫而光。

同样的青菜，同样的做法，结局大不同。

同样的日子，同样重复着过，每一天却都是唯一。

3 汤饭的奇怪诱惑

看韩剧《别有用心的单身女》，看到车正宇在爱罗家的汤饭店吃饭，汤饭碗底多出一只鸡蛋。他抬头看一眼正忙碌着的爱罗，两人目光相撞，会心一笑。哇，满屏都是甜蜜，汤饭也有爱情的味道。

在这个镜头之前，我对韩式汤饭是无感的。汤饭呀，值得开个店，主打汤饭吗？再好吃的汤饭，也不过是汤加饭，能变出什么花样来？

我妹上幼儿园时，我每天放学后先去接上她，再领着她一块儿回家。小学低年级放学早，我去到幼儿园里时，通常赶上小朋友们排排坐吃晚饭。照说这个时间段闻到饭菜香就会垂涎欲滴，我却没有。除了礼拜六发到妹妹手里的油饼、大包子，幼儿园的晚餐对我毫无诱惑力。

饭和菜混在一起，软烂、易消化。我瞥一眼就会扭过头，除了是用新鲜材料烹饪，看上去不是跟我妈煮的烫饭差不多吗？

何谓烫饭？头天晚上的剩饭剩菜加些水，煮成一锅，煮得稠稠的，米粒中饱含了菜汤汁，汤汁又紧紧地包裹着米粒，比清粥

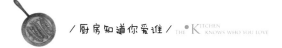

要浓郁，比干饭要松散，滚热滚热的，看着就犯愁。

我不爱吃烫饭。

大早上的，时间紧，面前若是摆了一大碗滚烫的烫饭，我顿时就犯了愁。烫饭汤水里富含油脂，因此保温性很好，久久不会冷下来。时间紧，味蕾闭合，面对这样一碗饭，简直是坐立不安，心急如焚。

除了嫌它烫，还嫌它乱，嫌它黏滞。乱是乱在食材上，种类和分量均无定规，纯属拼凑；黏滞是它的特点，汤水菜蔬亲密无间地混在一起，竟是一碗好烫饭的标准。

若是米粒、菜蔬散漫在清汤寡水里，那不叫烫饭，只能算是泡饭。

我情愿吃泡饭。清爽，吃起来呼噜噜的，爽气。

由于过去许多上海人习惯以泡饭充当早餐，亲友们便常常笑我：你爱吃泡饭，难怪要去上海。

清水泡饭，佐以腐乳、酱瓜、咸蛋等小菜，我倒是愿意接受，只是又太寡淡了些，不经饿，往往是离午饭时间还早，肚子已饿。

烫饭也好，泡饭也罢，都上不了台面。无论你承认与否，它们都脱不了寒酸之气。

盖因"剩"字惹的祸。

然而煮饭这种事，哪有那样巧？刚好吃光，不多一勺，也不少一口。普通人家待客，会客气道：小菜不好，饭要吃饱。

情愿多煮许多饭吃不掉剩着，强过饭煮少了不够吃。

新煮的米饭也可做泡饭，但那是调剂胃口，另当别论。

《红楼梦》里就写过这样的泡饭，贾宝玉似乎比较喜欢。比如第六十二回，芳官吃汤泡饭，宝玉也凑热闹。

说着，只见柳家的果遣了人送了一个盒子来。小燕接着揭开，里面是一碗虾丸鸡皮汤，又是一碗酒酿清蒸鸭子，一碟腌的胭脂鹅脯，还有一碟四个奶油松瓤卷酥，并一大碗热腾腾碧荧荧蒸的绿畦香稻粳米饭。小燕放在案上，走去拿了小菜并碗箸过来，拨了一碗饭。芳官便说："油腻腻的，谁吃这些东西。"只将汤泡饭吃了一碗，拣了两块胭鹅就不吃了。

宝玉闻着，倒觉得比往常之味有胜些似的，遂吃了一个卷酥，又命小燕也拨了半碗饭，泡汤一吃，十分香甜可口。

第五十回也写过泡饭，但不是汤泡，而是茶泡饭。下雪了，大家要往芦雪庵拥炉作诗，贾宝玉兴兴头头的，早饭也等不得。"只拿茶泡了一碗饭，就着野鸡瓜齑忙忙的咽完了。"

老祖宗见他如此，就知道这群年轻人今天又有事情，连饭也不顾吃了。

日本的茶泡饭很有名。茶汤泡饭，顶端一般还有些点缀：梅干、鱼子、鱼刺身、海苔等。

据说最早这样吃的人是江户时代商家的"奉公人"（类似于小学徒）。江户的男孩子在13岁左右就要出去"奉公"。日常生活忙碌而清苦，忙的时候，索性把饭、菜和茶一股脑儿倒在一起解决了。

这么一说，茶泡饭跟我们以前学徒工吃三年萝卜干饭有异曲同工之妙呀！

小时候，爸妈不赞成我和妹妹吃汤泡饭，汤汤水水送饭快，未经咀嚼就落了胃，怕我们不好消化。

但也有例外。

盛夏酷暑，胃口不佳，正餐吃得少，晚饭后乘好凉，我父亲喜欢用茶水泡一碗白米饭，就着晚上的剩菜，呼啦啦地吃起来。不仅自己吃，有时他会招呼我和妹妹："哎，辣椒毛豆炒肉，要不要吃？"

母亲这时候也不拦着我们，只叮嘱要细嚼慢咽，不可吃得太快。武汉的夏天太热，冰箱里的空间永远不够用，剩菜剩饭一扫光，是母亲乐见的。

汤饭容易吞咽，又能捎带解决掉剩菜，实为经济型饮食，但"经济"两个字并不适用于任何时间、所有场合。比如春节期间，凡事讲究大吉大利，经济等于俭省，并不讨喜。这种时候，食物要多到吃不完，寓意年年有余；说话要讨口彩，不可自讨晦气；小孩子淘气犯错，大人也不能打骂，以免惹出哭闹。汤泡饭太过经济节省，这时候吃它，不合时宜。据我所知，不少地方有这样的说法：年三十晚上，谁若是不小心吃了汤泡饭，新年里出门就会遇到雨。

新春佳节，天公作美，走亲访友、外出游玩才会尽兴，谁也不愿意遇雨，所以才有了吃汤泡饭会下雨的警告性说法。

奇怪的是，年夜饭吃到最后，各式佳肴吃遍，肚子饱饱的，点心也懒怠动一筷子的人，偏偏容易被一小碗莲藕排骨汤泡饭给打动，无论如何也能吃上一口。

这是汤饭的奇怪诱惑，但只出现在家宴中。汤饭只适合自家人吃，绝不会以之待客。谁要是在合家团聚的年夜饭时吃了汤泡饭，其实也不会被批评。

多少年过去了，吃过那么多碗汤饭，我所惦记的，还是那些盛夏夜晚与父亲、妹妹坐在餐桌旁吃的茶汤泡饭。温度适宜，口感清淡、微甜，搭配虽已不热却不失温度的几碟菜蔬，简简单单，却吃得畅快淋漓。母亲坐在一旁絮絮叨叨，情绪却是愉快的。

那时我还年少，父母不老。那种淡淡的、家常的喜悦，微小的、确切的幸福，对任何人来说，都有着不可抵御的诱惑吧。

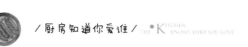

4 爱吃食堂菜的人

厨娘如我，最擅长做三五人餐，四菜一汤，荤素搭配，可以发挥的空间很大。两人餐亦可，丰俭随意，情调至上。唯有一人餐不容易对付，要么浮皮潦草，要么用力过猛，很难拿捏好力度。

一个人也要吃饭，做点儿什么呢？面对一堆原材料，有如学生遇到全是陌生题型的考卷，一筹莫展，总要等下课铃快响了，才匆忙在考卷上胡乱填些公式，硬着头皮交差。

这时候我会想念吃食堂的日子。一个人，一只饭盆，一把饭勺，一沓饭票，快速、经济，完全满足我的需要。

这时候我还会想，一日三餐都应该吃食堂，除非想玩玩锅碗瓢盆，想玩点花样，才有必要在家里开伙。

就像职业厨师回家后不爱做饭一样，占领厨房的厨娘，无人捧场，就有放弃舞台的念头。

某天中午，我把家里盛猪油的搪瓷缸子清洗干净，忽然发现，这只大号单耳搪瓷缸与我大学时用的饭盆长得很像。我很高兴，今天的午餐不用愁，吃食堂菜的道具有了，电饭煲煮点饭，做一份典型的食堂菜吧！

那么，什么是典型的食堂菜呢？

网上是这样介绍的：

食堂菜，英文名 Canteen Cuisine，是指食堂做出的菜，广泛分布于全国各地，水平参差不齐。由于分布广，食客多，被戏称为"中国第九大菜系"。食堂菜烹饪技巧独特，有时有一些比较稀奇古怪的菜品，如清炒橘子、月饼炒辣椒等。食堂菜取材丰富，小到玉米粒、葡萄，大到月饼、菠萝、香蕉，凡所能取之材无不尽取。典型的食堂菜有西瓜炒肉、西瓜梨子炒肉、韭菜豆腐、土豆泥、西红柿炒肉片、凉拌黑豆腐、月饼炒辣椒、玉米炒葡萄、番茄炒菠萝、哈密瓜炒里脊、榴莲炒猪肺、葡萄炒猪尾巴、香蕉炒猪肝、苹果炒猪血等。

网友调侃食堂菜的主要特色是：一块钱，菜只有瞅的份儿；两块钱，基本素菜，基本水煮；三块钱，偶见鸡蛋；四块钱，些许肉沫，放大镜下可见颗粒物；五块钱，有肉丝，食堂厨师切菜工艺技术高超，能把肉切到细若发丝。

还是说说我记忆中的食堂菜吧。

中学时代的食堂菜：

盖浇丸子，五毛钱一份，五个肉丸，浇上淀粉勾的芡。肉丸是炸过后再烧的，掺了不少面粉，口感较有韧性，但滋味不够浓郁，不下饭。买一份盖浇丸子，还得再买一份菜才够吃，所以我很少买。

豆角（豇豆）炒肉、黄瓜肉片、炒三丁（土豆、豆腐干、肉丁）等荤素搭配的菜，三毛钱一份，肉片是瘦肉，不带一丝肥膘，味道偏淡，但分量十足，女生一般打二两或三两饭，搭配一份这类菜，够了。

其他如冬瓜、豆腐等全素菜，两毛钱一份。我的好朋友凌喜欢点一份冬瓜浇在饭上，而我那时最不爱吃冬瓜，因此记忆深刻。

每天上午下了第二节课后，食堂蒸了热腾腾的肉包子，两毛钱一个，出笼即被哄抢一空。女生不必去食堂窗口凑热闹，那儿是男生们的世界。没人排队，几大群人围在窗口旁，使出蛮力往窗口正中挤过去。我们班有个坐在后排的男生被选派为代表，每天第二堂课的下课铃声一响，他便从座位上弹起，冲出教室后门，以百米冲刺的速度奔向食堂。教室里一群男生翘首以盼，等他重新出现时，他手里那只装了四五十个包子的尼龙网袋瞬间变空，教室里充满了萝卜丝肉包的气味，够浓郁，也够难闻。

说到面点，好友凌的姐姐的好朋友，曾向我们科普过基本常识：食堂师傅分为红案和白案两种，面点师傅就叫白案师傅。她还告诉我们什么叫做滚刀切法，以茄子为例，切块后滚动茄子，再切第二块，是谓滚刀。

我妈最不喜茄子，说是幼时吃得太多。我却喜欢茄子的颜色，会做各种茄子菜。其中一道蒜蓉茄子，做法得自大学食堂。

有时候，女生食堂会卖这道菜。将茄子整根炸过，浸在蒜蓉辣椒酱料中，五毛钱一根，非常好吃。

大学食堂的馒头也好吃。五楼有个宿舍的女生，用红色塑料水桶拎回一桶馒头，我和室友刘宝宝佩服得五体投地，次日便效仿，买了十来个馒头配榨菜，混了一天。

不知是过了生长发育的高峰期，还是女生食堂的烧菜师傅水平不佳，不久后，食堂菜被我嫌弃：肉片上总带着筋膜之类的东西，蔬菜烧得太烂，菜式花样远不如男生食堂丰富……于是，我转投小炒部。

小炒部是食堂的另一形式，大锅成品菜变成小锅现炒，新鲜度提高的同时，还捎带点儿个性化——年轻人喜欢做加法，诸如加辣加酸，加肉加蛋，凡事多多益善。

菜价倒是不贵，一块五到两块钱一份，包菜炒肉丝、青菜炒鸡蛋、芹菜豆腐干炒肉丝、青椒肉丝、番茄蛋汤……菜式简单，滋味一般，每个炒锅旁却排着长队，生意火爆。

毕业后，我们继续吃食堂菜。

写字楼食堂的菜式，花样虽多，吃久了也会腻歪。我们在单位附近寻找小饭店，几个人拼餐，点上几菜一汤。

后来，我们吃遍了单位附近的小饭店，便找来外卖单，电话

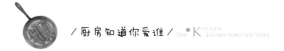
或网上叫外卖。

　　再后来，我们不相信外面的食物，情愿自带便当，或者干脆回归食堂，递上一份餐券，或者刷一次饭卡，从窗口接过一只餐盘。

　　餐盘不是饭盆，无论精致与否，餐盘都是一格一格的，米饭、肉菜、蔬菜、开胃菜、汤，菜式品种虽多，却各有各的领地，互不相干，哪怕饭菜正冒着热气，这份食堂饭也自带冷清的属性。

　　我还是喜欢从前的食堂，自带饭盆，打好饭之后，食堂师傅往白米饭上浇上一勺大锅菜，分量十足，保证吃饱。

　　内容重于形式，才是食堂菜的标准吧？而我却在这个秋高气爽的中午，为着心中涌动的回忆，煮了二两米饭，炒一份带着浓厚汤汁的炒三丁，将饭菜装在搪瓷饭盆里，用一把不锈钢饭勺舀着吃，假装我在吃食堂饭。

5 吃披萨的姿态

读毛姆的《月亮与六便士》，那个被男主角害得家破人亡的施特略夫，由于他擅长做意大利通心粉，我就一直当他是意大利人，近日重读才发现自己搞错了。

他出场时，毛姆是这样描述的：

"我常常到施特略夫家去，有时候在他家吃一顿简便的晚饭。施特略夫认为做意大利菜是他的拿手，我也承认他做的意大利通心粉远比他画的画高明。当他端上来一大盘香喷喷的通心粉，配着西红柿，我们一边喝红葡萄酒，一边就着通心粉吃他家自己烘烤的面包的时候，这一顿饭简直抵得上皇上的御餐了。"

一个荷兰人，擅做一手意大利菜，把他的老家搞错了，怪得了我吗？

披萨和意面是典型的意大利美食，据说考古学家在庞贝遗址发现了类似现今披萨店的房址。而在公元前3世纪，罗马的第一部历史上就提到："圆面饼上加橄榄油、香料和蜂蜜，置于石上烤熟。""薄面饼上面放奶酪和蜂蜜，并用香叶加味。"

听上去多像烧饼或新疆的馕！

难怪还有这样一种传说，说是披萨本来源于中国北方的葱油馅饼，由马可·波罗将做法带到意大利。他向一名那不勒斯厨师如此这般地描述了葱油饼的做法，然而厨师却无论如何也没法将馅料放入饼中，最后只能将馅儿摆在饼上一起烤制，没想到味道也还不错。之后厨师又加入奶酪和其他作料，做成了大受食客欢迎的意大利披萨。

我第一次吃披萨，是20年前。我和同伴去中山公园附近的必胜客餐厅尝鲜，如林黛玉初进荣国府时一般，"步步留心，时时在意，不肯轻易多说一句话，多行一步路，唯恐被人耻笑了她去"。

虽有些夸张，介意他人的眼光却是真的。邻桌是一群统一着白衬衫黑西装的白领，两张餐桌并一桌，桌旁众人均坐得笔直，低言浅笑，忽然一同举起装了黑可乐的玻璃杯，假装碰了碰，齐声说："切尔斯！"

我和同伴被震住了。邻桌虽然并没朝我们这边张望，但他们的一本正经，形成了一股压力，像镶了黑边的白云，一朵朵朝我们压来。

我们点了意面、披萨、可乐，慢慢吃，慢慢喝，像老手一样装腔作势，像不熟悉的朋友一样，低声垂询对方的意见：披萨上的香肠够不够香，黑橄榄口味如何，芝士香浓，黏丝绵长……

必须承认，餐厅装修得很漂亮，明亮、气派、格调高雅，背

景音乐也选得好，颇有异国情调。这些都是一种暗示，就餐者应适当妥协，务求与环境相合。

　　然而吃饭时太过拘泥，在意自己的表现胜过食物的好坏，珍馐美味也会形同蜡制模型，何况披萨、意面这样的平民食物。所以，那次我真不觉得披萨、意面有什么好吃的，不就是西式烧饼和面条嘛，吃得不爽，又不落胃。

　　披萨和意面，只适合搭配风卷残云、大快朵颐这样的成语，自带热情和豪气，也有点儿乡下人的耿脾气。你对它亲，它恨不得跟你掏心窝子；你跟它玩虚的，它也怵得慌，既自卑又自负，色香味，只给你看看卖相，其他方面，就收敛了起来。

　　每样食物都有其个性和脾气，了解了，才会得到它的好。后来我又去过许多次必胜客，对意面和披萨虽无太大的兴趣，它们却也没带给我多大的失望。连锁餐厅就这点好，标准化，给不了

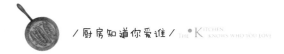

你惊喜，也不会给你惊吓。

但在饥肠辘辘之际，有时我却会疯狂想念它们。一块饼，一盘意面，分量实在，口感丰腴，适合果腹和解馋，也是好友欢聚时补充能量的妙选。

自制披萨和意面不难，做得好却不容易，不如叫外卖，既方便，又保证质量。网上下单半小时，门铃"叮咚"，披萨来了。

不仅仅是披萨，还有意面、烤翅、甜点、饮料。把它们摆上桌，大家各取所需，洋葱、番茄酱、芝士、麦香的味道洋溢满屋，不多时，餐桌上只剩下大大小小的餐盒。

从充满异国情调的洋食品，到外卖首选快餐；从必胜客餐厅零星散落，到棒约翰、达美乐等连锁店遍地开花。20年间，披萨这种西式大饼，已成为我日常食谱不能忽略的一笔。

回想第一次吃披萨时的情形，那种拿腔拿调的姿态，自觉很可笑。事实上，即便在当时，也觉得傻。食物就是食物，色香味，均为了讨好食客，而不是反过来，让食客去讨好食物。

说到这里，我想起在微信朋友圈看到的许多美食图。为了拍出漂亮的照片，食物半生或全生，以获得缤纷的色彩；餐具擦得如寒星般闪烁着冰冷的光辉；造型优美如冰雕般精细……

懂行的人一看就知道是摆拍，不懂行的人也觉得美则美矣，却无法勾起食欲，太冷了，不好消化。

在朋友圈晒美食图，算得上晒自己的生活姿态吧？这样的图片，大多能为发图者收获一堆期待之中的点赞，并赢得一种风格认证。什么风格？性冷淡风。

6 炸猪排只有上海有吗

各地饮食大不同。

我爱吃油炸食物，上海却没有我最爱的炸面窝、炸糯米鸡等点心卖。好在有一道炸猪排可以抵消遗憾，并能在自家厨房亲手烹制，让我大快朵颐，成就感十足。

我是在上海生活后才知道炸猪排这道菜。不只是炸大排，红烧大排也应该是上海特色菜。武汉的菜场，除非顾客提前打招呼，一般情况下，肉摊上的里脊肉和背脊骨是分开出售的。

而在上海，多数主妇都善于做大排，红烧大排配白米饭，配面条，炸猪排比较洋派，蘸辣酱油，蘸番茄沙司，做配菜吃，当点心吃，都可以。

每次我抛出炸猪排的图片，都会引发一阵要菜谱的呼声。我先说做法吧！

大排买来后，用刀背敲打大排，横向纵向，正面反面，总之要瓦解其纹理结构。一般敲到最后，一块大排会摊薄变大，变得有先前的近两倍大。这时要加盐、鸡蛋、料酒、淀粉，拌匀了，

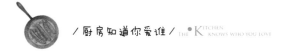

将一块块大排包裹起来。

如此腌制几分钟后，便是最重要的一步：裹面包糠。

超市一般有面包粉和面包糠两种裹料，我喜欢颗粒较粗的面包糠。如果买不到现成的面包糠，家里有切片吐司的话，我就用烤箱将吐司片烤酥了碾碎成面包渣。再不行还有最普通的酥性饼干，压成碎屑，包裹在大排外面。

裹面包糠是件磨人的活儿。浸润过的大排，湿漉漉的，面包糠颗粒较粗，容易脱落，不是掉在案台上，就是在油炸时滚进油锅里。为了防脱，裹好面包糠后，要反复锤打，才能让它们跟大排的结合更为牢固。

最后是投入油锅里炸，两面炸成金黄，筷子一戳就穿的时候，大排就炸好了。

炸猪排整块吃也行，切成条状更方便，蘸泰康黄牌辣酱油，或者蘸番茄沙司吃。

上海有些小吃店卖排骨年糕，将炸猪排和炸好的长条形年糕混搭，有的人很爱吃，我却不喜。

日式料理也有炸猪排，太薄了一些，吃起来满足感会打折扣。现在有些店里卖的炸猪排，也学得将一块大排敲得吓人的大，摊薄的大排，咬起来"咔嚓咔嚓"的，像吃块薄酥饼，没意思。

我喜欢厚的，外酥内嫩，外层香酥，内层有肉肉的Q弹，又富有肉汁的润感，口感丰富，层次分明。连着骨头的那部分肉，润感最够，口味最佳，吃罢即可明白：难怪大排是大排，里脊肉是里脊肉。炸猪排若是少了这骨肉相连的一部分，就像一个人没了脊梁骨。

炸猪排难做吗？并不，任何稍有烹饪基础的人都可以如法炮制。它源于西餐，西风东渐，吹进家庭厨房，成为上海特色菜。

只有在上海，才容易吃到一块好吃的炸猪排。

离开上海，首先是购买原材料的不便，原因我前面说过。其次是面包糠、面包粉的不易得。网上有卖的，但家门口的超市，一般不会有此物出售。诸如吐司烤酥、饼干揉碎这些办法，总归还是多道程序，让人对烹饪炸猪排添一层畏难之心。

再就是炸猪排的蘸料，番茄沙司配炸猪排味道不错，辣酱油却更好。它的微微刺激感，恰到好处地中和掉了炸猪排的油腻。有了辣酱油，这道炸猪排的口感才算得上完美。

然而辣酱油跟酱油并无关系。

那么，泰康黄牌辣酱油又是什么东西？

辣酱油又叫喼汁、英国黑醋、伍斯特郡沙司，是在印度生活过的英国人在英国伍斯特郡发明的。发明者将两人姓氏合起来注册了"李派林"（Lea & Perrins）品牌，19世纪末，李派林喼汁进入中国市场。

李派林喼汁的主要原料包括大麦醋、白醋、糖蜜、糖、盐、凤尾鱼、罗望子提取物、洋葱、蒜、芹菜、辣根、生姜等多种香料和调味料，味道酸甜微辣，色泽为黑褐色。

1930年，上海梅林厂仿照李派林生产了国货辣酱油，1960年改由上海泰康食品厂生产。1990年出了"泰康黄牌"和"泰康蓝牌"，黄牌为特级品，蓝牌为一级品。现在我们在超市一般习惯买泰康黄牌辣酱油。

我写此文时，好友辣子正准备在微信公众号推送文章，她写了一段发生在无锡的故事，里面提到上海。辣子特意同我打招呼："逄逄，我不是说上海不好哟！"

我一头雾水，我有那么维护上海吗？

辣子白了我一眼（此为脑补画面）。"你看，你本人竟然不觉，我看你很爱上海。"

我惊出一身汗，不禁犹豫起来。

这个，炸猪排，真的只有上海有吗？不要闹出笑话！

网上一搜，果然有同名帖子。楼主提出一模一样的问题，楼下一片骂声，骂其井底之蛙，地域优越感爆棚。小小一道炸猪排，怎会只有上海有？

有人说人家用炸猪排夹馒头吃，有人说菜场有摊贩现炸出售……

这些跟帖有起哄的味道、吃法、烹饪场地，从别的角度证明：炸猪排，应为上海特色菜。

写到这里有点走神。当年我在武汉时，有外地同学当着我面大肆辱骂武汉的饮食和气候，我心下不爽，顾及自身形象，争辩的气势却趋于温和。时光若能倒流，我会痛斥对方吗？

　　恐怕也不会。

　　游客与地主的心态必然不同，若你能习惯并爱上当地的美食，那么无论你是来观光还是不得不滞留于此，这片土地都会向你敞开怀抱，接纳你的一切。

　　说到底，一个人与一座城的关系，不是城市是否接纳你，而是，你是否爱上了这座城。

7　萝卜有脾气

30年前有一部非常火爆的电视剧，名字我不记得了，片尾曲却记得牢牢的，至今会唱。"……红萝卜的胳膊白萝卜的腿，花芯芯的脸庞红嘟嘟的嘴，小妹妹和情哥一对对，刀压在脖子上也不悔……"

那时年纪小，不明白这样形容的女子有多么美貌迷人，我还跟妹妹认真讨论过，感觉像年画上抱着鲤鱼的娃娃，饱满可爱，新鲜水灵。

笑归笑，困惑归困惑，此后我遇到孩童胳膊般粗的红白萝卜，这首歌就会霸气地蹿出来，在我脑海中自动播放。

前几天邻居在朋友圈发了张出差时拍的萝卜照，江淮绿萝卜。

这萝卜我知道，清甜可口，可以当水果吃。

生吃萝卜得有点儿勇气。我曾遇到过水果萝卜，切开一片生吃，确实甜脆多汁，口感不俗，但我无论如何也不习惯萝卜特有的生辣气，只能浅尝辄止。

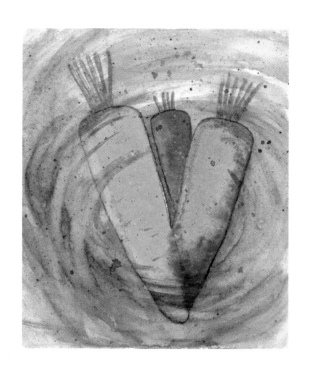

　　我想，可能是我没吃过正宗的水果萝卜，若是去产地吃，味道或许会很不一样。

　　"烟台苹果莱阳梨，不及潍县萝卜皮"，说的也是这种绿萝卜。我曾在冬天去过潍坊，却忘了尝试那赛过苹果和梨的潍县萝卜。

　　我在一对山东夫妇的菜店里买过青皮萝卜，切丝，用干红辣椒碎儿同炒，最好加点儿猪油渣，味道很好，不像萝卜，倒有点

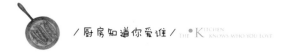

儿像莴苣。

想让萝卜没有萝卜味儿，很难。

小时候我不爱吃萝卜，就是嫌它有股萝卜气儿。无论跟什么菜一起烧，它的味道就像那首电视剧片尾曲一样，霸道地冲撞出来，不管不顾，让人哭笑不得。萝卜牛腩、萝卜红烧肉、萝卜排骨汤、萝卜丝炒肉丝，荤菜都得向它称臣，由着它喧宾夺主。

中学食堂里每天上午两节课后售卖新出笼的包子，说是肉包，其实是萝卜泥加一点点肉糜。我们班有个男生腿长手快，第二节下课铃一响，他就像离弦之箭般飞到食堂窗口，带回几十个包子，男生们一人四个、两个的一分而光，顷刻间，教室充满了萝卜包子的味儿——下午男生们踢完球拎着球鞋回到教室时，也有类似的气息。

有人不吃萝卜，觉得它臭，我完全能理解。

新鲜水灵的萝卜，经过烹饪后的气味竟如此别扭。想来年轻人有个性有脾气，却也像萝卜一样，青春霸气，却未必人人欢喜。

在上海吃油墩子，同样是萝卜做的点心，感觉却柔顺得多。做油墩子有专门的模具，将调稀的面糊倒入椭圆形的铁制模具中，夹一束混合着肉糜的白萝卜丝放进去，上面再浇上一层面糊，入油锅炸到外表呈金黄色就可以捞出来。

这样一个油墩子，外酥内软，油油的、润润的，吃起来特别可口。最重要的是，萝卜丝的霸气被油香和面粉香给降伏了，竟散发出温润清甜的气息，令人称奇。

油墩子好吃，但也不是想吃就能吃到的。我头一回吃到它，还是在南汇惠南镇上。后来每每遇上现炸油墩子的摊头，总归要买一只解解馋，但这样的摊头越来越少了，有心寻觅，也未必能找到。

关东煮里的萝卜也好吃。粗大的白萝卜横切成一两厘米厚的圆块，慢慢熬煮成黄褐色，吸足了汤料里的味道，霸气全无，只有萝卜的口感，软糯、肥美、带一点点韧性，很有吃头。

我喜欢去罗森便利店里买关东煮。有段时间我经常坐986路公交车去淮海路，但我不在淮海路思南路站下车，而是提前一站，因为瑞金二路上有家罗森便利店，那里的关东煮味道特别浓。来两块萝卜，再来一份笋、一份海带丝、一份魔芋卷，几块钱就能吃得很满足。

但有两次，我在那家店里买到过糠萝卜，咬不动，味道发苦，感觉很是糟糕。

糠萝卜失去了水分，只剩纤维，用手掂掂分量，也比同样大小的萝卜要轻。花心大萝卜，指的就是这样的萝卜吧，表面看不出异常，内心已经纤维化，丧失了接纳和释放的能力。

去年秋天为了一道酸萝卜鸭汤，跑遍菜市场也买不到泡萝卜。若想吃上这碗汤，只得自己做泡菜萝卜。可是，我家对泡菜没有太大兴趣，起一个泡菜坛子容易，但那玩意儿我知道，得像供着泡菜神一样供着，生水不能沾，油荤不能碰，坛子里的泡菜出来一批就得进去一批，不能让它空着……总之是麻烦。

好友榛果说，起个泡菜坛子吧，未必叫你经常吃泡菜萝卜，做配菜碟，做鱼做肉时用来杀腥增味，效果比姜、醋都好。

就这样，红萝卜、白萝卜，纷纷进了我的小玻璃泡菜坛子。红萝卜皮儿将泡菜水染成樱粉色，很是明艳。白萝卜落进这样的汁水中，不过几日就变成了嫣红的娇娘。食欲不振时，捞两块泡萝卜吃，酸脆刺激，瞬间唤醒味蕾和胃口。做鱼时切两片泡菜扔进去，异香扑鼻，自觉厨神附体。

脑海中还是会霸气地响起那首片尾曲，但已跟萝卜没有了关系。自带不讨喜萝卜气的主菜，忽然变成了杀腥增味的佐菜，反差之大，令人瞠目结舌。

大多数事物都有萝卜这样的多面性，了解它的脾性，接纳自己喜欢的那一部分，足矣。

8 南方人学做面食

有部电影叫《喜盈门》，扮演婆婆的是我喜欢的表演艺术家王玉梅。

年代久远，我已忘了这电影的内容，倒是记得其中一个情节：大嫂偷偷吃好吃的，却给爷爷端来一碗黄黄的玉米面窝窝头。事情很快泄露了，爷爷很生气。

同看电影的小伙伴对此表示不解：为啥要生气？鸡蛋馒头，不是更好吃吗？

我是不会这样无知的！黄面馒头不好吃，这是常识。

但其实，我所谓的常识，跟电影里所描述的，根本就是两码事。我只是立刻联想到我妈做的馒头，只要馒头颜色发黄，口感肯定很糟。

武钢有不少来自北方的职工，他们爱吃面食，也擅做面食。我爸爸经常称赞河南同事家的手擀面好吃，在家也依法炮制。我妈对自制面食怀有浓厚的兴趣，摊鸡蛋饼时总要问我们想吃什么味道的，甜的、咸的或是椒盐味，她都能调出来。确定味道之后，她必然又问，要吃焦一点儿的，还是软和些的。

我妈能用普通铁锅摊出味道绝佳的鸡蛋饼，却不大会做馒头、包子这样的发酵点心。

她从单位食堂里讨来一块老面做引子，面团发好后，她会揪出一块留着，下次做馒头时，这块面团就是现成的老面。

有时没有老面，但我妈碰巧用酒曲酿成了一坛上好的糯米酒。米酒也能充任发酵剂，我妈可以继续进行她的馒头试验。

试验结果通常不大成功，做出来的馒头不是发酸就是发黄。发酸是因为碱放少了，发黄是碱放多了。偶尔做出酸碱合适的馒头，全家都很高兴，但这种时候太少，太少了。

不记得是《我爱我家》还是《编辑部的故事》其中一集里，小保姆嫌弃东家吃的是米饭而非馒头，说了这样一句话："米饭多麻烦啊，吃馒头才爽，一块块的。"

我和妈妈就此展开讨论：做饭更方便，米淘好了，量好水，想吃多少就煮多少，又新鲜，又方便。做面食很麻烦，将灰面（湖北人将面粉叫作灰面）变成馒头，得揉面、发酵、整形、醒面，再上蒸笼蒸。只能吃上一顿刚出笼的新鲜馒头，下一顿就是剩的。如若顿顿都吃现做现蒸的，光是发酵、整形这一过程，就得叫人忙乎半天。

我爸做了总结：麻烦还是方便，跟习惯有关。北方人从小做面食，做惯了，熟能生巧。

一方水土养一方人。南方也产小麦，挑剔的人却会选择自己吃惯的产区的面粉。这道理就像葡萄酒爱好者特别重视葡萄产区一样，不同的风土、气候，培育出不同风味的农作物。

多年前，我认识一位在武汉工作的洛阳朋友，他家以面食为主，日常所需面粉却从不在武汉的超市购买，而是托亲戚在洛阳老家采购当地生产的面粉，发运过来。

他说，用家乡面粉做的面条，更有韧性。用家乡面粉做的馒头，才叫真正的馒头。

有一次我去山东兖州出差，在酒店吃到特别好吃的高庄馒头，微温，撕开馒头皮塞进嘴里，口感极佳，皮下组织一层层的，像剥洋葱一样，一层层撕开吃，既有嚼劲儿，又很软和，不甜，却带着特别好闻的发酵过的香味儿。

我受到了震撼，退房去赶火车之前，冲到酒店食堂买了十几个馒头。经过长途旅行硬得像圆石头一般的高庄馒头，放蒸锅里蒸蒸，竟恢复了它新出笼时的状态，滋味、口感没有丝毫走形。

吃着这样的馒头，必然会心悦诚服：北方人真会做面食啊！

我是买了烤箱后才学会做馒头、包子等各种面食。这话听上去有点古怪，请容我解释。烤箱是我为自己添置的一个玩具，我用它来做蛋糕、饼干，并因此添置了打蛋器、厨房电子秤、刮刀、蛋糕模具、裱花袋、裱花嘴等各种烘焙工具，然后我想到了烤面包。

第一次做面包，光是揉面就把我折腾得够呛，揉面、发面、醒面、整形、二次发酵……深夜一点钟，我还在厨房里，望着烤箱里涂了鸡蛋液的面团一点点膨胀，一颗心在雀跃，两只胳膊却因揉面、摔面而酸痛发软，没办法挥手舞蹈。

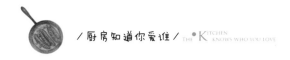

第二天我就在网上定了一台面包机，不为做吐司，而是想利用它的揉面发酵功能，解放我的双手。

先在面包机桶里放水，再放入两倍水重量的面粉，在面粉上挖个洞，将按比例称好重量的干酵母粉倒进洞里，准备工作到此完毕，剩下的事情交给面包机。

揉面20到30分钟后，面团开始发酵，再过45分钟到一个小时，面团膨得高高的，散发出发酵面团特有的芳香，这时面就发好了，要立刻将它取出来，在料理台上揉揉，分成小剂子，揉成一个个圆形的馒头，放进蒸锅中，略微醒一会儿，就可以蒸了。

如果发酵好的面团没有及时取出来揉面、排气，膨得高高的发面就会塌陷下去，露出蜂窝一般的组织，发出酸甜的气息，这时候，就需要用食用碱来中和酸度了。

总而言之，我觉得做馒头或包子，最关键的是发酵这一环节。回想我妈妈当年做过的馒头试验，其实就是关于发酵的试验。那时她没有电子秤称量面粉、水、发酵剂的精准分量，也没有条件守在面团附近，掐准时间进行每一步操作，自然容易失败。

北方朋友听闻我每次必用电子秤称量各种材料的重量，有的说，这个大致有个数就行，哪里用得着称量？有的干脆说，太麻烦啦，下次留块老面就成。

得亏她们不知我是用面包机揉面发面，否则更加不屑了。前几天，一北方朋友在微信朋友圈发了一碗水饺图，文字说明是：机器做的饺子皮，我不吃。

这叫我们南方人情何以堪啊！

饺子我不是很爱。包馅儿的面食，我也喜欢发面做的，比如鸡冠饺，比如发面馅儿饼，比如包子。

包子馅儿像饺子馅儿一样丰富，甚至更胜一筹，像豆沙、黑洋酥、奶黄等甜馅儿，就只适合包子。

我初到上海时路过点心摊档，听闻有人说要买肉馒头，好奇心大起。肉馒头？难道是把馒头掰开，往里面嵌入一块炖肉？

我学样儿也要了一只肉馒头，拿到手里就呆掉了——肉馒头，就是肉包子！

想想也对，不塞肉的叫作淡馒头，塞肉的叫作肉馒头。

自做包子，比做馒头要麻烦些。我做过好几次露馅儿的包子，也做过裂开成好几瓣儿的包子。因为肉馅儿汁水太丰富，将发酵好的面皮浸透，蒸出来一团死皮包子的事儿，我也干过好几次。

包子包好后倒置在案板上，轻轻压一下，就成饼状。用电饼铛烤馅饼，不会粘锅，也不会烤煳，香喷喷的，非常好吃。

除了肉馅儿饼，我也做甜馅儿饼，豆沙馅儿、黑洋酥馅儿，我还会做红糖饼。将红糖和面粉混合均匀做馅儿，做出来的饼，糖汁儿如溏心蛋的蛋黄一样的状态，热滚滚的，甜蜜蜜的，吃起来特别满足。

现在我已会做不少面食，却仍不敢在北方朋友面前显摆。她们自幼耳濡目染，个个身怀绝技，在做面食方面，拥有得天独厚的条件。我能做出自己想吃的那口面食就够了，承认别人的优势和优点，接受自己的局限性，也是修行。

9 爱吃泡面的女郎

　　我对泡面的偏见始于高三那年暑假。还没放榜，我和几个同学一块儿去庐山旅游。从武汉关乘船到九江，大概要一天一夜。为了省钱，我们买的是散席票，自带旧凉席和毛巾被，夜晚就睡在甲板上。吃的问题更好解决，一日三餐加夜宵，我们有泡面。

　　那时我们管泡面叫方便面，通常会选购三毛钱一包的北京鸡汁面。至今我还记得它的包装袋，淡黄的底色，上面印着一只肥鸡和一碗冒着热气的面条，看上去很是诱人。袋中内容包括一块面饼，一袋调味粉，一袋食用油。

　　在船上，我们用有盖的搪瓷（珐琅）缸做面碗，将面饼和调味品放进去，用开水泡上几分钟，就是一顿饭。

　　即便是珍馐美味，如此不歇气儿地吃上一个旅程，怕也会败尽胃口吧？

　　上大学后，食堂供应晚餐是傍晚五点左右，宿舍是晚上十点半熄灯。中间这五个钟头，要运动，要做功课，要去操场兜圈子，有时还要溜出校门去看场电影。食堂菜虽然堪称我国第九大菜系，极具特色，但20岁左右的年轻人新陈代谢旺盛，食堂菜那点儿油水，肯定扛不住这五个小时的消耗。

　　所以，每到熄灯前后几分钟，很多人的肚子就会咕咕作响。我有时就饿着，有时吃块干点心，有时会用酒精炉煮点面条。除非万不得已，我才会去宿舍楼下的小卖部买包方便面，再买一根火腿肠。熄灯后，我在烛光中用一只简易酒精炉将泡过的方便面煮一会儿，再把火腿肠掰成几段扔进去。

　　泡面虽然不用煮，但煮过的泡面更好吃一点儿，这是基本常识。大学时代为数不多的几袋泡面，尽管是煮过的，又加了火腿肠，结果还是加深了我对它的偏见。原因有两点：一是不同做法的泡面有不同的槽点，各有各的难吃精髓，煮过的泡面，滚烫的热度可以稍微驱散油炸面饼的油耗味，但面条会变得更软，口感更糟；二是吃泡面的时候虽然不多，但闻泡面味儿的时候太多，从前败坏的是味觉，这一回败坏的是嗅觉。

　　后来我也反省过，泡面有什么错？我痛恨的，不过是穷和无奈罢了。没有钱，又困于当时的环境，便只能用最经济、最简陋的食物果腹。

　　曾就职的某公司的财务阿姨，衣着入时，妆容精致，某天闲谈时，却声称她家买泡面是整箱整箱批发回家，午餐、晚餐，没空烧饭时，一家三口，一人泡碗面，搞定。

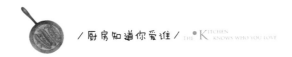

"天天烧菜？谁那么有空！你问我会不会吃腻？阿姨我吃了好些年，方便面纸箱堆起来能塞满几间房子了，一点儿也不腻！"

财务阿姨骄傲地翻了个白眼，我则深感诧异。这世上竟有对自己如此苛刻的人！

这些年来，泡面的广告做得铺天盖地，各种口味的泡面充斥于大小超市，我却可以视若无睹。就像被爱情重重伤过的人，我感觉这辈子都不会重刷对泡面的印象了，任尔如何搔首弄姿，我心如磐石无转移。

可是，满饭好吃，满话不好讲。刷新印象的这一天，不期而至。

那次坐火车返沪，对面的女孩吸引了我的注意力。她年轻又漂亮，最要紧的是，她很会聊天，随便说点儿什么，声音悦耳，语调悠扬，富有节奏感和韵律美，内容也很有趣。

女孩讲述了她跟母亲的多年恩怨情仇，以及她与父亲在母亲的"统治"下同病相怜、并肩作战的种种事例。听者无不忍俊不禁，明知是青春期少女与深爱女儿的母亲之间的有趣冲撞，却无人指出这一点，唯恐减损了她的谈兴。

女孩说，高考前一个月，母亲在窗口看到她和男生在路边聊天，竟然打电话给那男生的妈妈，次日起，那男生看到她就逃。经她追问后才知，母亲以为那男生纠缠她，在电话中对男生的妈妈冷嘲热讽。

"你们知道我当时多窘吗？我妈怎么能这样？她这样叫爱我吗？"

我笑而不答。这位母亲的做法当然欠妥，若是读书时代的我听说此事，一定与女孩一样，义愤填膺，或许还会批评她母亲干涉子女的人身自由。可现在，我能理解当妈的心情，沉默是我对这个问题的最佳答案。

女孩谈到她放假在家时母亲给她准备的午餐，撇着嘴巴说："我妈要是高兴，会给我做一桌菜，恨不得喂我吃；要是不高兴，就买一箱泡面扔给我，说要训练我独立生活的能力。"

忽然，她眉毛一扬，两眼亮亮的，语气得意起来："所以呀，我别的东西不会做，煮泡面，手艺一流。"

我立刻向她请教如何煮一碗一流的泡面，不仅是为这女孩生动的表情和可爱的声音，也为我对泡面的态度——第一次，我想消除对它的偏见。

我说，我很少看韩剧，每次却会看到同样的画面：剧中人夜晚煮一块泡面，也不用碗，就着锅子哧溜哧溜地吃得香，单看演员的面部表情，还以为他们在做美食广告呢。一碗泡面呀，干吗这样夸张？

女孩连连点头，对，就是这样好吃，一点儿也不夸张。"我妈非常得意，说我现在一个人在外面，她也不担心我会饿肚子，全靠当初她用一箱箱泡面，让我练出了煮泡面的绝活。"

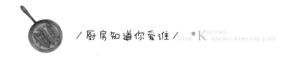

她说这话时，笑容甜美，仿佛母亲就站在她面前，夸赞女儿能干又聪明。

接着，她要为我详细介绍如何煮出一碗色香味俱全的泡面。

我拿出纸和笔，以示我对这堂课的重视。

首先你要买你喜欢的口味的泡面，其次你要选择质量好一些的牌子。质量好要从两方面来讲，一是面饼要好，面条要有筋道，不能一煮即烂，软趴趴的，绝对算不得合格的泡面。二是调味包要好：油包要洁净，不能有一点儿油耗味；料包要丰富，看得出蔬菜、肉的质量和分量。

煮面之前，需要先用开水将调味包调匀，等泡面煮得差不多时再放进去。此外还要准备一颗鸡蛋，半截黄瓜切成薄片，一棵油菜剥得只余菜心，方腿切两片，诸如此类的配菜，可依据自己喜好和冰箱里的储备来决定。

剩下的就是煮面了。

这张纸片我还留着，重看一遍，哑然失笑。这算什么煮面秘笈呀？无非是多加点儿配菜，让一碗简陋的泡面变得丰富些罢了。

然而当时，我可是频频点头，大为叹服的。我边听边联想女孩所述的这碗泡面的滋味，恨不得下了火车后先去超市买上几包，回家立刻依法炮制。

事实上，回家次日，我果然逛了趟超市，在家里做出一碗色香味俱全的泡面。

泡面已不是从前的泡面，我也不是从前的我。时间修复了一切，即便不能对泡面说一声爱，起码可以相见欢。

就像火车上偶遇的女孩谈到她最亲爱的母亲，青春期的种种情绪、讨厌、反抗、不满，随着时间的推移，变成了一件件"槽点"满满的趣事。泡面，让她与母亲和解。

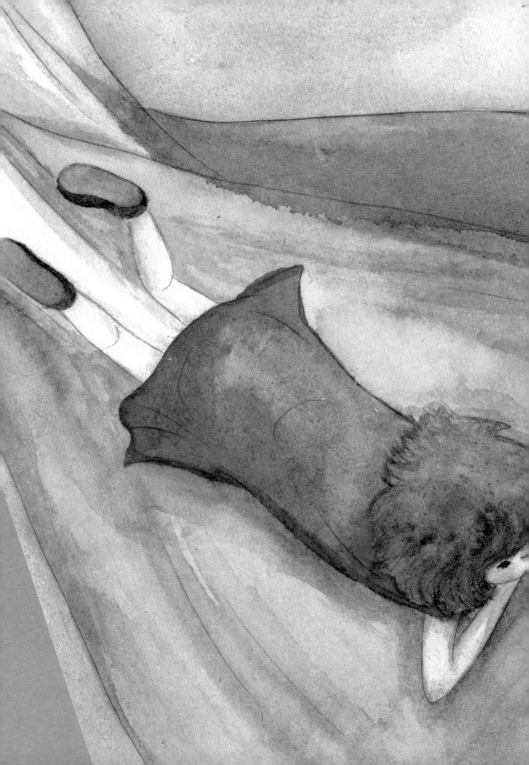

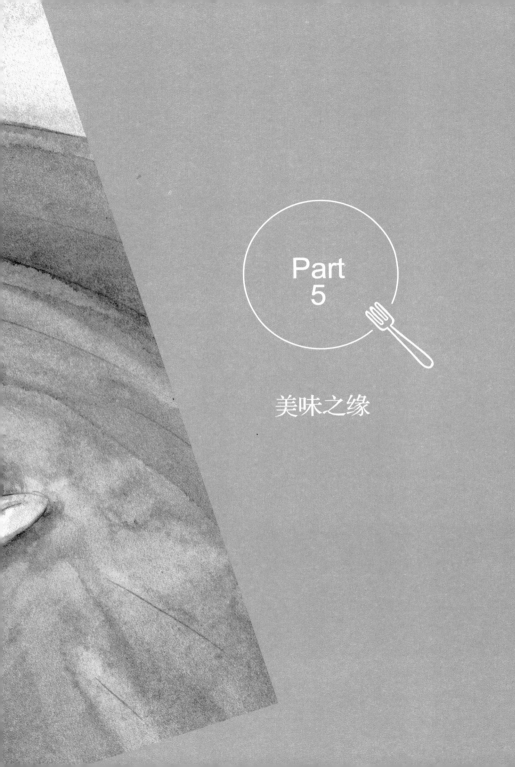

Part
5

美味之缘

咏恩呆呆地看着饭盒上的贴纸，
耳边响起吉美的声音：
这世上没有坏脾气的人，
只有没吃饱的肚子。
离婚一年后，此时此刻，
咏恩好像才刚刚了解对面的男人。

他只是会做蛋饺

下班高峰期的南京西路，所有人都步履匆匆，几乎没人注意到她，一个满脸泪水的女人。

泪奔街头，丢人啊！薛若琪穿过马路，走到王家沙店门口时才想到这一点，低头从手袋里取出墨镜，架在鼻梁上。

没关系的，她又想，没有人注意我，就算有人偶然看到了，最多在心里淡淡地"咦"一声，脚步不会慢下半分，转眼间，彼此消没于人海。

走下长长的楼梯，进入地铁站，若琪的泪水不知不觉地完全收住。不过，方才在全家便利店门口受到的刺激，在她心头激起的层层涟漪，仍未停歇。

引力波，她想到这个最近成为热点的名词，哑然失笑。

她和孟，把一个脉冲响应的时间拉长到了八年，直到刚才，他们才处在相同的时空里，感受到来自对方的引力波。

刚才，路过全家便利店时，薛若琪进去买了一瓶水。出门一抬眼，马路对面有个熟悉的身影。那个人也正好朝她这边望过来，顿时呆若木鸡。

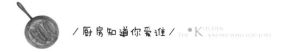

是孟。他化成灰，若琪也不会认错。

只有一秒钟吧，也许很久。若琪搞不清楚，她的心跳很不正常，极快，声音很大，似乎她会就这样跳死过去。她想停下来，想穿过马路与孟相见。

但她没有，一念之差，她选择继续朝前走，身子一动，人已离开原地几米远。

然后她的心跳正常了，眼泪却奔涌而出。

轻率的选择！就像当年轻率地抛弃孟，投入一场无望的爱情中一样。

2号线转8号线，半小时而已，步出地铁口，薛若琪的脚步已踏在城市另一头的地面上。三年来，她很少搭乘公共交通工具出行，今天这样一试，倒觉得比开车还方便。

洗完澡出来，董锡川刚好进门。

"今天累了吧？"他问，小心翼翼的。

"嗯，还好。"

锡川洗过手就进了厨房，打开冰箱，取出一些冻好的蛋饺，要给他俩做个砂锅吃。天冷，就他们俩，不想出门或叫外卖的话，做个砂锅，再开个罐头，就能吃得很舒服。

油烟机开了，发出低沉的"嗡嗡"声。空调也开着，暖风熏然。若琪在沙发上坐了会儿，竟打了个瞌睡，甚至还做了一个模糊的梦。

梦里有花香，醒来有饭菜香。锡川已将蛋饺砂锅摆上桌。

说起来，当初她会嫁给锡川，也跟蛋饺有关。

女人过了30岁，替她介绍男友的热心人就少了。若琪跟孟在一起时执拗、任性，随后不顾一切地跟一名有妇之夫交往，用她自嘲的话来说，是洗了一把泥巴浴，硬把自己弄得灰头土面的。

这段难堪的恋情也并非一无是处，像是大象裹一层泥巴壳，可以保护皮肤，若琪从此对爱情有了免疫力，跟男士交往时，开始用婚姻合伙人的眼光来考量。

董锡川就在这时出现了。

第一次见面，若琪并没看中他。虽说在一家事业单位上班，职位听上去也颇有前途，收入却摆在那里，比若琪少了一半还不止。其他方面倒也过得去，相貌、谈吐，都不讨厌，可一转身，若琪就把他的模样给忘了。

但她没想到，第二天他俩又会见面。没有预兆的，两人在八佰伴底层的超市里碰见了，若琪是去取月饼，董锡川则是去调查一桩投诉。这一见，改善了若琪对锡川的印象，也印证了一句话：男人工作时最有魅力。

只因聊天时若琪提到她爱吃蛋饺，一个周末，锡川登门，自带了不锈钢汤勺、猪油、鸡蛋、肉糜，站在厨房的灶台边，手势娴熟地给若琪做了20个蛋饺。猪油香和蛋香混合在一起的气息，让若琪心生安定，那时她就想，这个男人，可以嫁。

恍恍惚惚的，她将锡川和孟的形象混在了一起，尽管他们的相似处微小得不值一提，若琪还是想，或许这就是我的命吧。

她和锡川都不是一张白纸，半斤八两，对彼此的过往照单全收，交往过程倒也格外轻松。不过，真正嫁给他，却是在六个月后。若琪需要用时间来验证自己的判断。

决定领证这天，他们在公园里闲逛。雏菊初开，若琪下意识地剥着手中一朵雏菊的花瓣，花枝秃了时，锡川问："要不要嫁给我，雏菊给你答案了吗？"

若琪笑了。西方人有用雏菊占卜爱情的习俗，每剥下一片，在心中默念：爱我，不爱我。直到最后一片，代表的就是爱人的心意。

锡川还有这样文艺和小资的一面，比会做蛋饺更让她动心。

于是她说："嗯，我嫁。"

结婚五年，夫妻生活已沦为造人环节。

若琪在黑暗中发出苦笑，也不是不尽兴，只是有些惆怅。五年了，大姨妈总是如期而至，等不到新成员报到的消息，越发使波澜不惊的家庭生活像是死水一潭。

当然去医院检查过了。她有点炎症，锡川的精子存活率微微偏低，但总体来说，怀孕是毫无问题的，需要的只是一个恰到好处的机缘。

她想，说来说去一句话，她和锡川都不算年轻，没那么容易怀上呗。

　　青春流逝，婚姻生活沉闷乏味。回想往昔情事，那场泥巴浴，若琪是情愿它从记忆里自动消失的，唯有孟，她正正经经处过的第一个男朋友，情真意切，不带杂质，最后她却负了他。

　　身边的锡川动了动，似乎也没睡着。若琪翻个身，背对着他，却发现锡川小心翼翼地替她把被子拉上一点，覆上肩膀。

　　他对她，比她对他，要用心得多。

　　快下班的时候，若琪看到同学群里在说某人的前任，看了会儿，忽然烦躁起来，点开一个尘封很久的邮箱。

　　——邮箱是孟给她注册的。他说，我要给你写信。

　　那时他们日日相见，偶尔，孟还是会给她写封邮件，写一行诗，或一段歌词。八年了，手机号码都换了，曾用过的QQ，号码和密码一并忘掉，也只有这只邮箱，尚有可能打捞出一点爱的遗迹。

　　打开未读邮件，看到第一封，若琪的脑子里"轰"一下，整个人都懵了。

　　Simon的邮件。西蒙的，没错，来自西蒙的邮件。这是孟的英文名。

　　她深吸一口气，慌手慌脚点开来，内心被一片温柔的潮水给淹没。

　　"我看到你了，但我不敢叫你。原谅我的怯懦吧！我只想知道，你过得可算如意？"

八年了，分手八年，若琪多少能从别人处得到一些关于孟的消息。她知道他去北京工作，知道他回到上海，知道他交往了一个很年轻的女朋友。想来，他也知道她的消息，知道她洗了一场泥巴浴，知道她换了份工作，知道她结婚了……或许还知道她的老公混得并不如意。

下班后若琪没有马上离开办公室，她给孟回了一封信。

"我也看到你了，但一念之差，我没有朝你走去。有句话我一直想对你说，但没有机会，就在这里说吧。我欠你一句对不起，虽然现在说这个已毫无意义。你知道我的，我在一些大事上容易莫名地轻率。

"你问我过得可算如意，这真是个好问题。结婚快五年了，没有孩子。有时我在想，结婚的意义若只是繁衍后代，那也太过乏味，可是，说到底，我现在也非常渴望有个孩子。王小波说，人生很长，得找个有趣的共度。遗憾的是，现在我做任何事都提不上劲儿，任何事，你懂吗？"

若琪自己也感到奇怪，她竟跟前男友叨家常一样，说起她和锡川的婚姻生活。写完她又看了一遍，没有抱怨，没有委屈，最多是一种自嘲，比如最后一句，她写道：

"引力波，你知道吗？昨天我在地铁上就想，我们各自高速前行所产生的引力波，扭曲了时空，错过了彼此。或许这就是命吧。"

到家时若琪才看到锡川的短信留言，说是不回来吃饭了，明天还有可能出差。

若琪回了个"哦"，心里竟有些欢喜。此时她还沉浸在跟孟的骤然重逢中，尽管只是在网上交流，她也并非一心不能二用的人，但她更愿意独处几天，以便细品其中滋味。

她点开手机，嫌用网页打开那个邮箱太麻烦，又去开启很久没用的台式机。

这机子的使用率不高，上次开机时不知哪里出了故障，她懒得弄，叫锡川帮她整理了一番，这会儿她打开来，速度如飞，流畅得很。

然而点开邮箱，并没显示有新邮件送达。若琪检视了她发给孟的那封信，确定并没说什么过头的话，这才稍微安心些。

锡川回来时给她带了夜宵，章鱼烧和铁板鱿鱼年糕。知道她并没吃晚饭，锡川笑笑："就知道你会这样。"

"算你厉害。"夜宵还是热的，若琪不是没心没肺的人，这句话就算是发嗲和夸赞。

锡川给她倒了杯柠檬水，坐她对面，笑眯眯望着她，说："规律饮食，对身体好，小朋友才肯来。"

章鱼烧吃不下了。若琪暗暗叹气，越不想听的话，这个人越是要说。

锡川是敏感的，急忙端走她面前的餐盒，吃掉她剩的那只章鱼烧，嘟哝着说明日要去北京，转身去整理行李箱。

若琪在第三天上午才收到Simon的回信。她第一时间不是去看内容，而是看发件时间，看到邮件于清晨六点抵达，她的心静了下来。

一定是他反复掂量后才给她写的信。

从前，若琪跟孟吵嘴使性子，孟不会哄她，倒是会独自怄上一天的气，第三天清晨，他总是会立在她宿舍楼底下。

这次当然不是吵架，道理却是一样的。孟在邮件里写道：

"很难用一句话来表达我的心情。你的信，对我而言是意外之喜，虽然你所描述的生活远远谈不上称心如意。必须承认，你的信带给我前所未有的震动。我唯一不能接受的，是你谈到错过和命运。

"我尚未研究过引力波的定义，此刻我深深地想念着你，想着关于你的一切，也许这就是你对我的引力。一切重来，时空退回到开始，你会选择我吗？"

若琪想也没想就回复了一个字：会。

这世上从来就没有假如，有的只是发生过的事。她和孟曾经相爱，是铁板钉钉不可抹杀的事实。

收到Simon的第三封邮件，又是第三天清晨。若琪的心脏猛跳了一下，第一反应是：这回事情要闹大了。

"我爱你。原谅我从未好好对你说过这句话。我已在机场候机，迫不及待要见到你。我订了酒店，订了西餐厅，地址如下。

你一定要来。"

若琪深吸一口气，把头埋在自己的臂弯里。

臂弯深处，是锡川的影子。他出差四天了，每日都有短信和电话，若琪却没问过他几时回来，他也没主动汇报。

前台小姐打来内线电话，有人给她送来一束花。

粉色、紫色、黄色、橘色……是一束雏菊。卡片上只有一行字：Daisy's date（雏菊之约）。落款是Simon。

雏菊的花语很多，通常用于暗恋者的表白。若琪嗅到清爽的花香，心情随之轻盈欲飞。

那是一种久违的欲望，不单单是情欲。具体是什么，若琪没去想，但她已决定赴约。

餐厅距离公司不远，附近却不大方便停车。若琪索性步行过去，捧着这束雏菊，像恋爱中的人一样。

透过餐厅落地窗，若琪看到一个熟悉的侧影，手一软，雏菊差点落在地上。

锡川，Simon！现在她完全想起来了。五年前，在八佰伴，与锡川交涉公务的一名外方代表就这样称呼他。

他也叫Simon？若琪为此心神一荡，这才对锡川多了几分注意。

她怎么就忘了，锡川帮她整理过电脑，知道她的，又岂止是一个邮箱地址？

那么，锡川碰巧窥见她泪奔于街头，又有什么不可能呢？

他对她，用心用情。而她对他的一切，哪怕与自己密切相关，也故意漫不经心。

若琪脑子里飞快地回放了一遍这段时间发生的事。从全家便利店开始，到王家沙点心店门前，再到这一封封感情热烈的邮件。

宇宙中各种物体加速运动带来的引力波无处不在，虽是在改变我们的时空，但这些改变实在太过微弱，完全不会影响我们的生活。

能改变生活的，不是引力波，而是——

若琪笑了起来，理了理手中的花束，朝她的爱人走去。

2 玉子烧的故事

重新上班一个月了。

这天午休，我跟几个同事到五楼一家服装公司玩。那儿在搞内部特卖会，其实就是低价抛售库存，很多在这幢大厦上班的女士跟我一样，吃过午餐，抱着随便看看的心态跑过来，因此小小的特卖会场显得十分拥挤。

看到她的第一眼，我就忘了身处的环境，忘了我的同伴。怎么说呢，好像有一道光照过来，照在一页书上，她的名字和样子，甚至她的籍贯、年龄、性格，上面都有显示。

我走近她，说："这件小外套不错，可以搭在吊带衫外面，遮阳。"

她脸上露出惊诧的表情，不知是不是被我主动搭讪给震的。

"你是康城人？"她看上去有些激动。

是了，我早就知道她和我是同乡，但我不知道，平日总自诩普通话标准的我，乡音这么重。

因为这层关系，加上我有意接近，从特卖会出来时，我跟溪已变得很熟络。

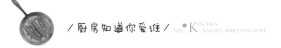
　　在电梯间，同事笑话我，盈盈，你现在变得很热情开朗嘛，逛个特卖会也能跟陌生人打得火热。

　　我很奇怪，难道以前我很冷漠内向吗？

　　同事们嘻嘻哈哈地把话题岔开，电梯"叮"一声，又该工作了。

　　办公桌上的台历已翻到6月。

　　3月我独自参团旅行时，旅行大巴出了车祸，我从昏迷中醒来，首先看到一双男人的眼睛，关切，惊喜。男人三十出头的样子，握着我的手，温柔地叫着我的名字："盈盈！盈盈！"

　　我记得自己是结了婚的，那么这男人该是我丈夫卢。于是我说："卢？"

　　两颗硕大的泪珠从他眼里滚出来，落在我手背上，滚烫，灼人。

　　据说这次车祸有三人遇难，很多人受伤，我只是四肢受到皮外伤，脑部CT检查也很正常，奇怪的是，我却昏睡不醒。

　　卢守了我三天三夜，胡子拉碴，面容疲倦。他对我这么好，我却觉得才认识卢。关于从前，我似乎全忘了。

　　医生说我可能受惊过度，像这种部分失忆的症状，相信随着时间的流逝，会慢慢好转。

　　我没想到失忆这种事会发生在我身上，看起来也没什么了不起，只是有时候，当我死活想不起从前，尤其是想不起卢和我恋爱、结婚的细节时，我还是很难过。

比失忆更让人困惑的是，我的脑子里平白多出一段记忆。中午在特卖会认识的溪，就是这段记忆的一部分。

我不仅知道她这个人，还知道她有一位高中时就相恋的男友。男友虽然没打算离开她，但已爱上一个名叫勤的女孩。

为什么我会知道这些？

因为，在这段记忆里，我就是勤。

这种事说出来，我会不会被送进精神病院？至少也会被当作高烧患者吧？

随着跟溪的交往频密，她的一切都跟那段记忆（姑且称之为勤的记忆吧）相符，我越来越担心，觉得是一种神秘的力量在推动我和溪交往，而不是出自我本意。

出事后，卢一直守着我，对我悉心呵护，对我的种种不正常，比如不跟他同房，比如不记得他跟我之间的故事，他都表示出最大的体谅和理解。所以，我决定冒个险跟他分享这段勤的记忆。

"你记得勤的姓名，还有其他有用的信息吗？比方说，工作单位，哪个地方的人？"

我凝神想了想，有了！我在纸上画出一个图标，又写下几个英文字母。

卢拿着那张纸到电脑跟前忙了一会儿，又打了几个电话，再

次面对我时，他脸上写满惊讶。

"这是一家外企的名称缩写和企标，勤是这家公司的员工。"他看着我，仿佛在尽量克制自己的激动，"3月份勤请了年假到上海来玩，"他停顿了一下，"恰好我同学在那家公司，他听说了些八卦，好像是说勤最近跟一个有女朋友的上海男人关系亲密。可是，不知怎么回事，勤到上海后似乎并没跟那个男人在一起，因为第二天她就上了一辆旅游大巴。大巴在高速公路上出了事，有三人丧命，勤是其中之一。"

我点点头，接下去说道："勤和我是同一车的游客，在那次旅行中，出事的那一瞬，勤的一段记忆印在我脑子里。或许正因为这样，我才不记得过去的事情，因为被勤的记忆给挤掉了。"

卢沉思半晌，同意我的说法。

在一本搜集世界神奇事件的书里，记载过与我情况类似的事。一位黑人妇女在车祸中受到重伤，脑部没有受损，但在两个月后她伤愈出院时，却拥有了与从前截然不同的另一份记忆。这份记忆属于1000多公里外的一名少女。少女在两个月前死于一场流感。

对于我们无法解释的事情，也许，接受它，是最简单的方式。

办公桌上的台历翻到7月时，溪与我已成为很好的朋友。有时跟她在写字楼下的喷水池边站着聊天、微笑，我会忘记她是勤记忆中的人物，只当她是一个小我五岁的同乡小妹妹。

但这个礼拜五中午，当我们依然站在喷水池旁说些无关紧要的话时，我忽然提出一个冒昧的要求。

"明天我去你家玩好吗？"

溪爽快地答应了："我正愁明天怎么打发呢！你早上就来，中午我们去吃点东西，下午找个包间K歌怎样？"

晚上我告诉卢要去溪家做客。卢正在举哑铃，忽然就停了。

"就是跟勤交往的男人的女朋友？"不如说是情敌嘛，卢咬文嚼字的，听上去有点可笑。

但我从他的眼神看出来了，他是担心我又在不知不觉中扮演了勤的角色，走进她的记忆里。

老实说，我正在这么干，而且不希望受到阻挠。

为了让卢安心，我把溪的地址和电话抄给卢，同意他在溪家附近等我出来。

溪的家如我所料，家具、家电都有，看上去也干净整洁，可是毫无温馨可人的家庭气息。

"房子是他家早就买好给我们结婚用的。平时他是空中飞人，我跟爸妈住，他回来我就住过来。"溪介绍的情况，在我的，哦，不，在勤的记忆里都有。

我走进厨房，拉开冰箱看了看，冷冷地说："你家厨房真干净。"

溪有些诧异，耐着性子告诉我，她不擅做饭，跟男友在一起时要么煮速冻水饺、泡方便面，要么出去吃。

"那你男朋友最爱吃什么你知道吗？"

溪摇摇头："你看上去好严厉！你怎么了嘛？"

我注视着溪，她的脸色从烦躁不安到严肃再到迷惘。

"我从没考虑过这些。我们从念高中时就认识，谈了很多年恋爱，他什么都顺着我，我喜欢的他就喜欢，但你突然这么一间，我才发现，我从没想过他喜欢什么。"

就在溪沉默和说话的这几分钟里，我的脑袋疼得快要裂开了。按照勤的记忆，我将代替她跟溪进行一场谈判。然而溪的神情和语气又激发了我的同情心，提醒我，这也是一个陷于爱情困境中的女孩。

冰箱里只有三个鸡蛋，正好可以做个厚蛋烧，也叫玉子烧，是一道日式菜。

在勤的记忆里，反复出现她和一个男人坐在餐桌前吃些番茄炒蛋、清蒸鱼、青椒肉丝这类家常菜的情境，也提到过男人最近喜欢上日本料理。这次她来上海，就是想跟情敌溪摊牌，就算溪最后跟男友结了婚，她也可怜溪，因为溪营造的家像间旅馆客房，溪什么都不会。

忽然之间我感到筋疲力尽，溪的家里连像样的茶具都没有，只有瓶装矿泉水、易拉罐汽水和啤酒。

我靠在水槽旁喝了几口水，拉开冰箱门，说："我教你做个简单的菜，很多人都爱吃，也许你男友也喜欢。"

现在，我已从勤的记忆里跳出来。我就是我，盈盈。

真不容易，我所需要的调味品，溪的厨房里恰好有，而且都在保质期之内。

把三个鸡蛋敲进碗里，加一点点盐、少量浅色的生抽酱油、一大勺糖，再加一点干贝素，用筷子使劲搅打到蛋液起泡。

开小火，平底锅内放少许油，将鸡蛋液的三分之一倒进锅内，轻轻摇动平底锅，让蛋液在锅内形成类似长方形的条状，稍微凝结后，用锅铲轻轻将它对折成蛋卷。贴着这块蛋卷的边缘倒第二次蛋液，也是三分之一的量，重复摇动平底锅的动作，将凝结的蛋液对折后再卷到第一次做成的蛋卷上。再倒第三次，重复以上动作。火开得小一点，蛋液看上去有点流动也没有关系，只要翻身翻得过来。

我一边做一边解释每道步骤，溪则像一个认真的学生。

现在，锅里出现一个粗粗的蛋卷。我把它盛到盘子里，用溪递过来的水果刀切成两厘米长的段。

"甜中带咸，要是绑上一根细海苔作装饰，就跟寿司店里卖的一模一样啊！"溪尝了一个，开了两罐啤酒。

佐酒、空吃、配白米饭都可以，玉子烧真是风情万种啊！

溪很快喝光一罐啤酒，想起什么，从冰箱冷冻室里取出一袋鱼豆腐、贡丸、鱼丸之类的东西，又翻出一袋写满日文的关东煮调味包。

"这是他上个月买的。我以为他买给我加在泡面里吃。"溪"哼"了一声，"看来他是想吃关东煮了。可是，为什么他不明说呢？"

大概是醉意和内心深处的酸楚一起涌了上来，溪的眼里涌出泪水。

在一起多年，因为习惯接受，因为懒于付出，渐渐忽略对方，无论是他喜欢吃的东西，还是一些细节流露出的变化，等到他爱上别人，又觉得无限委屈。懒人的爱情，大概就是这样的吧。

　　清淡的蒸煮食物是我最拿手的。我给溪抄了几道菜谱，包括玉子烧、关东煮、清蒸鱼、排骨汤。她喝了太多啤酒，靠在沙发上睡着了。正午的阳光照在她年轻光洁的脸上，真是美丽、简单的女孩。

　　真像年轻时的我。

　　走出门，远远就看见卢站在一棵树下。他一定等我很久了。

　　卢看见我，从树荫下走出来。阳光照在他的头发上、脸上、身上，像照在一本翻开的书上。

　　我仿佛看到他跟大学前女友的聊天记录，他们在QQ上回味过去的美好时光，回味学校周围的黑暗料理以及早点摊的油炸鸡冠饺。

　　卢说，太可恨了，我老婆从不吃油炸食物，油炸的、麻辣的、烧烤的，她都不吃，并且不许我吃。

　　前女友说，你可以偷吃嘛。

　　暧昧、调情，话越说越肉麻。卢对我全是抱怨：冷漠、自私、专制、自以为是，跟同事关系紧张，对他吹毛求疵。

　　他说的人是我吗？

　　书翻了一页，呈现出我悲戚的面容、旅行社的参团合同、大

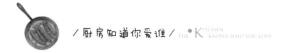
巴车座位，以及邻座女孩的名片和笔记本电脑。

我完全记起来了！

大巴出事前一瞬，我还在偷偷看着邻座女孩的电脑显示屏。我没有失忆，也没有拥有勤的记忆。我只是被勤的故事所吸引，牢牢记了下来。

我也只是不想回顾旅行前跟卢的争吵、冷战、分居。

卢越来越近了，我看到他温煦的笑容，内心深处涌起了幸福感。我说，肚子好饿，真想吃顿味道浓烈点的东西，川菜、湘菜，你意下如何？

4 饭盒上的好脾气先生

咏恩是被一阵轻微的炒菜声吵醒的。半睁着眼，看到厨房里有个熟悉的身影在忙碌，她只默默嘟哝了一句，这么早，吵死了，然后继续睡觉。

可是咏恩很快彻底清醒，睁大眼竖起耳朵。这一次，她只看到朦胧的晨光，听到自己"怦怦"的心跳声。

哪有炒菜声？何来熟悉的身影？

梦境而已，不足为奇。奇怪的是，梦里在厨房忙碌，并且朝她看了看的熟人，是咏恩已经去世的婆婆。

准确地说，是前婆婆。

咏恩和蒋奔谈了五年恋爱，终于结婚，却只维持了一年。离婚之后，毫无征兆地梦见前夫的母亲，咏恩的头皮一阵发麻。

两小时后，咏恩在公司里忙得像只陀螺。清晨一梦，谁有空再去琢磨？

中午，饭盒刚热好，11楼的吉美和15楼的明雅两个人像阵风，把咏恩从茶水间微波炉旁卷走。

"还热什么饭盒呀！吉美接了个大单，今天她请客。"

这三个女人是校友，恰好在同一幢写字楼不同的公司里办公，有时会约在一块儿吃顿工作餐，叙叙旧、聊聊八卦。比如今天，聊天话题就集中在吉美的客户身上，一个脾气糟透的男人，如何被吉美拿下，顺利签约。

"你跟他有一腿？"

"得了吧，恶俗！"

"你行贿了？"

吉美翻个白眼，对朋友们不负责任的猜测嗤之以鼻。

"我妈常说，这世上没有坏脾气的人，只有没吃饱的肚子。我稍作调查就发现，那家伙是工作狂，常常饿着肚子上谈判桌。坏脾气，由此而来。"

吉美得意洋洋地说："所以我每次跟他谈话，一定是先从包里摸出一堆吃的，鸡腿、寿司、蛋糕，各种各样的。客户吃饱肚子脾气温顺，自然好说话。他又是人精，看我好好一美女，非要扮成吃货自毁形象，哪能不知我用心良苦。"

混职场混成这样！咏恩刚要感慨几句，手机狂响，屏幕显示两个字：蒋奔。咏恩心里"咯噔"一下，再也无心跟朋友们闲聊了。

回公司后，咏恩请了半天事假，理由是瞎编的，总不能跟头儿说，我跟前夫养的狗刚刚去世了，我得去看看。

跟不养宠物的人说这些，对方很难理解你面对此事时的心情。

离开公司前，咏恩去茶水间洗杯子。台上搁着她的午餐饭盒，上面贴有一个笑眯眯的男人头像。一口没吃就倒掉，实在太浪费，咏恩把饭盒原封不动地装进包里。

蒋奔上周就发现酷比不大对劲，不吃东西，也不叫。他把酷比送到宠物医院检查，兽医说酷比的肝脏附近生了肿瘤，动手术风险大，但还有希望，不动手术，余日不多。蒋奔在手术单上签了字，谁知就此与爱犬永别。

他在内疚和痛苦中拨通前妻电话。假如是咏恩作决定，她大概会考虑到酷比已经九岁，经不起大手术。对，咏恩一定会选择保守治疗，那样的话，至少酷比还活着。

无论怎样，他都得通知她。咏恩跟酷比的感情不比他浅，尽管离婚时酷比归了他。

下午三点整，咏恩准时出现。一年没见，她看上去没啥变化，除了眉宇间淡淡的哀伤。

"他们（兽医和助手）已把酷比装进盒子里，要打开再看一眼吗？"

咏恩沉默着，摇摇头，蒋奔也不忍再看。两人一起去宠物医院办理了酷比的善后手续。出来后，天色稍暗，时间却还早。蒋奔说："走两分钟有家咖啡馆，坐会儿再走吧。"

过马路，经过一家24小时便利店，从两幢大厦之间的小道穿过，走了快十分钟，还没见咖啡馆的影子。

蒋奔就是这样的。他说马上到家，其实才刚刚从公司出来；

他说有点饿，很可能早、中餐都没吃，可以一口气吞下五个汉堡包。现在，他说有两分钟路程，实际情况却是至少得走上十分钟。咏恩对前夫的表达方式早已习惯，嘴角不禁翘起来——幸亏不再是夫妻！否则，她准得发几句牢骚，或是讽刺挖苦一番。

两人并肩走着，总算看到咖啡馆的门脸了，突然耳边响雷般，有人大呼蒋奔的名字。

"哈哈！这么巧！"迎面走来的人，是盛世装潢公司的老王。三年前蒋奔为了攒钱付房产首付，给盛世做过兼职。

"你们两口子真逍遥！"老王拍拍蒋奔的肩膀，"现在还给人家画图吗？新的手机号给我留一个嘛。"

蒋奔含糊应着，咏恩低头不语。当初蒋奔给盛世公司兼职做装潢设计，有时去公司，有时带回家做，尽心尽力，赚点辛苦钱。后来，盛世的盛老板找来两个实习生，只在蒋奔的图纸上作删改，就算是一张新图，所支付的费用却少得多。事情一旦发展到这一步，当然是不欢而散。这事儿跟老王没啥关系，但从此后，蒋奔跟盛世的一干人全断了联系。

"时间过得真快啊！那会儿弟妹还给你送宵夜过来，我也沾光吃到过。"老王不知道咏恩跟蒋奔结了婚又离了，这两人也懒得费力去解释一大堆。

"有一次做了寿司对吧？还有一次做了卤鸡爪、卤蛋、煎饺，一大缸子，加班的人都吃上了，香！小蒋，你真是有福啊！"

老王为人热情，话一开头就收不住，听的两个人茫然望望对方，又望望老王，被他带入回忆中，心中均有无限感慨。

那时的他俩有这么甜蜜恩爱吗？那时他们还没结婚，租了房子同居。为了攒钱买房，蒋奔兼了几份工，咏恩也考了教师证，每周六去一家少儿培训中心上半天课。这样下来，钱还是不够，两家父母又凑了一些。

好不容易结了婚，三个月后，本来就病歪歪的婆婆走了。再后来，蒋奔就变了，不爱着家，情愿在外瞎逛、喝酒……

老王滔滔不绝，直到接到一名客户打来的电话，他才跟蒋奔和咏恩道别。剩下这两人伫立在原地，一时间都患了失语症，隔了好久，才一前一后地朝几十米外的咖啡馆走去。

咏恩一抬头，看到前面那男人，30岁的人了，垂着脑袋，走路一颠儿一颠儿的样子，还像个男孩。唉，她叹气。怎么就离了呢？没有外遇，没有个性不合，突然间蒋奔说没意思，结婚后就为房子、票子、妻子、孩子活了。当时明雅劝她好多回，说蒋奔这是典型的新婚不适症，熬过去就好了。可是，她错在哪儿？凭什么她要熬？吵架，冷战，说离就离！

她曾发誓再要找个成熟的男人，而不是长不大的男孩。离婚一年，这样的人还没出现，此刻，不知是因为两人的爱犬离世，因为老王的话勾起种种回忆，还是因为看到蒋奔落寞的样儿，咏恩心里竟又生出丝丝柔情。她想到明雅劝她的话，男人嘛，要么是男孩，要么是老头。看来颇有道理。

咏恩不知道，走在前面的蒋奔此刻也在问自己：当初为什么非要离婚呢？22到28岁，最好的几年，咏恩都给了他。她还有一个优点，如老王所言，很会做菜。

蒋奔的脑子仿佛被卡住了，停了一会儿才继续转动。对，问题就出在这里。

咖啡馆到了，蒋奔让咏恩先进去，他得先去隔壁便利店买包烟。他需要抽根烟来理理头绪。

真是神奇！时隔一年半，蒋奔才看清当初的自己。那时候，母亲因病辞世，他虽然悲伤，日子还是照样过。有一天，咏恩晚餐时做了红烧肉，蒋奔顺口说了句，加点油豆腐一起烧，味道更好。

现在他还记得咏恩的回答。她说，油豆腐有股怪味道，地沟油炸出来的吧？从前去乡下穷亲戚家，他们用豆制品跟红烧肉一起烧，下饭菜，耐吃，一日三顿端上桌，她看着就反胃。红烧肉嘛，就要单独烧，现做现吃，大块吃肉，这才叫过日子。

咏恩是无心说的，他知道。咏恩若嫌他穷，绝不会嫁给他，他更是一直知道。

然而那一刻，蒋奔不是这样想的。

油豆腐红烧肉，是母亲的看家菜。蒋奔从小就吃惯了的，并不觉得多好吃，只是母亲走了，咏恩又如此轻视此菜，那一刻他觉得，这辈子，他是要与这道菜的滋味永别了。

失去的，将永不再来，比如母亲、母爱、从前的日子。未来

的生活，却是看得到的，辛劳、无奈、沉重，比如工作、房贷、生儿育女，比如妻子从娇俏美人儿变成中年怨妇。蒋奔忽然对自己失去信心，他不能给咏恩提供好点儿的生活，还不如就此放手，给她自由。

钻牛角尖，说的就是那时的他吧？

咖啡馆里温暖如春。咏恩正在整理她那只硕大的工作包。蒋奔看着她从包里取出手机、名片夹，看着她把一只乐扣盒子搁在餐桌上。

盒子上有张贴纸，蓝色的卡通人物，是一个笑容可掬看上去脾气超好的男人形象。

"这是什么？自己带的饭？"蒋奔突然饿得发慌，这才记起来，他中午没吃饭。

咏恩只瞟他一眼，立刻了解他此刻的想法，浅浅一笑："是啊，中午被朋友叫出去吃饭，饭盒没动过。你饿吗？要不要尝尝？"

蒋奔藏住羞赧，让咖啡馆相熟的侍应生帮忙把饭盒热热。

"好吃吗？"

"唔。"蒋奔大口大口吃着，忽然有些鼻酸。那熟悉的味道回来了。他没想到，咏恩做了油豆腐红烧肉。

咏恩望着这个男人，望着饭盒里的菜，以及盒盖上的卡通贴纸。清晨做的梦，再度浮现脑海。

她确实做了红烧肉放进饭盒，但她肯定没往里面加油豆腐。这类豆制品从来不进她家厨房。

今晨的厨房里，曾有个妇人把手放围裙上擦擦，冲她微笑。

油豆腐红烧肉，是妇人的拿手菜。

咏恩不知哪里出了岔子，只知道，坐在对面的男人满足而感动的模样，像极了卡通贴纸上的人物。

贴纸是一家广告公司送来的样品，好几十张，搁在杂物桌上，咏恩忘了自己何时撕下一张贴在了饭盒上——她重新审视面前的饭盒，没错，大同小异的乐扣盒子，一样的贴纸，但这饭盒不是她的。

哪位同事拿错了她的饭盒？这一个，又是哪一位的？

咏恩呆呆地看着饭盒上的贴纸，贴纸上的好脾气先生笑眯眯地看着咏恩，她耳边响起吉美的声音：这世上没有坏脾气的人，只有没吃饱的肚子。

离婚一年后，此时此刻，咏恩好像才刚刚了解对面的男人。

酿酒奇妙屋

21岁那年，我从一所高职毕业，一边打工，一边继续念专升本的课程。念书的费用是父母给的，部分生活开销也是他们在负担。我打工赚的钱，只够房租和零花。同事中我只跟孤僻的潘潘合得来。

潘潘租住的房子离公司很近。不过，同事们提到他的住所，总是连连摇头，脸上露出避之唯恐不及的神色。我很好奇，有天中午故意当着大家的面提出要去他家看看。

走在路上，我问他："你家有什么特别之处吗？是养了毒蛇当宠物，还是太脏太乱？"

潘潘告诉我，传说中他租住的房子经常闹鬼。

"啊？"我低叫一声，"那你不怕吗？"

潘潘看着我，眼睛亮晶晶的："我不怕。你怕吗？"

我哈哈大笑起来。潘潘很开心，一边走路，一边告诉我那房子的来历：

原来的房主是一对老夫妇，老奶奶先去世，一周后老爷爷也过身了，据说都死在这屋子里。没来得及留下遗嘱，也没有办理过房产过户手续，于是，房产买卖就成了一件棘手事。总之，因为种种原因，这房子腾空后，没作任何处理，就委托给中介出租了。

第一个入住的房客，一周后就搬走了。第二个房客住了半个月也走了。第三个房客只住了三天就逃之夭夭。于是，房子闹鬼的传说不胫而走。潘潘不怕，做了这房子的第四任房客，转眼已住了三个多月。

说话间我们已来到潘潘家里。站在屋子中央，我环顾简单的家具，又看了看与卧室相连的小天井。天井里种着几盆花，晾衣杆上挂着潘潘的一件衬衫。老实说，我并不相信这房子会闹鬼。

"以前我在附近的小区租房子，跟这对老夫妇认识，见面时总是打招呼。他们人很好。"潘潘说，"有一年夏天，他俩每人提着两大袋葡萄，我见老人家太吃力了，就帮忙送到这里来。"

"是吗？你们很熟悉嘛！"

"其实也谈不上。我问他们买那么多葡萄干吗，他们互相望了望对方，笑着说，自己酿葡萄酒。"

潘潘眼里泛起一层雾："真是一对相亲相爱的老人！有时候我都觉得他们没死，还在这间屋子里生活，一如既往地过日子。种花、做饭、自己酿酒，对饮一杯。"

我笑着说："原来这房子果然闹鬼。"

话虽这么说，我心里却并不害怕。潘潘的父母很早就离婚了，听他说起来，那两个都是事业型的人，分手后也都没有再婚。大概就是这个原因，潘潘对那种白首偕老的伴侣很是羡慕。老夫妇携手走在路上的情景，就会引起他的特别注意。

"是啊！"潘潘看看我，"陶陶，其实你心思细腻、敏感，并非你表面看上去那样粗枝大叶。"

21岁爱梳马尾爱穿牛仔裤的我，对这样的评价不知如何应对，只好埋头大吃，把潘潘做的一碗麻辣烫吃了个底朝天。

没过多久，潘潘在父母的坚持下出国留学了。我跟潘潘再也没见过面，一年有几封邮件往来，有时也互寄礼物，关系不错，却淡淡的，更像是一对笔友。

我开始跟别人交往。树杰是念专升本时认识的学长。他很认真，是真为学点东西，而不是为了混张文凭而来。他告诉我，将来还要多读几个培训班，一方面充电，另一方面，多认识几个人，拓展人脉。要过好日子，就要做成功人士，要不停地顺应潮流，不停地变变变。

跟上进的树杰相比，我实在太过散漫，但我们还是交往了，甚至谈到结婚的事情，要是树杰后来没有移情别恋，我想我还会嫁给他。

分手时树杰已拿到本科文凭，跳槽到一家公司做业务，很快跟一名客户打得火热。那女孩我没见过，但她有几次打电话给树杰时，我就在边上，手机漏出的声音，语气骄傲，笑声虚假。

树杰跟我见面的次数越来越少，最后他说："我依然喜欢你，但我遇见了更适合我、更能助我成功的人。"

我假装平静地接受了这个理由。也好，适合树杰的伴侣，她的名字应该叫"助我成功"！

出租房里依然残留着树杰的气息，于是我决定在中介那儿重寻住所。大街上人来人往，走在去看房子的路上，我想到跟树杰在一起时的点点滴滴，泪水漫出了眼眶，心疼得厉害。

通往小区的路越来越熟悉，我的心情平复下来，甚至生出一丝雀跃。等到跟中介业务员见面，她走在前面，用钥匙打开那间屋子时，我已决定，这房子，我租定了。

我给潘潘写了封邮件，感情上的事一笔带过，重点是说我的新住所。

"你能想象吗？中介带我去看的房子，竟然是你从前租过的。租金当然涨了一些，但跟现在的行情相比，已算相当便宜了。现在，我就在这儿，在你曾住过的房间里，给你写邮件。"

这套老式小区一楼的小公寓，中介姑娘反常地没向我吹嘘租下这房子如何划算，却问我是否决定了，若是改变主意，她可以帮我另找。

房租便宜，房客却换了一茬又一茬，原因还是那一个：这房子闹鬼。

潘潘的回信很快就来了。

"真巧！收到你的邮件，脑子里立刻浮现出那间房子的模

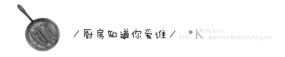

样，还有跟你一起打工的日子。

"时间过得真快……记得我跟你说过，那对老人自酿葡萄酒的事儿吗？他们跟我详细说过怎么做，也许你上网搜索也查得到，但还是在这里写一遍，假如你有兴趣，葡萄大量上市的时候，可以试试！"

他絮絮叨叨说了不少酿酒的事情。关于我的失恋，他只说那是对方的损失。他自己的感情生活，只字未提。但我知道，他不会总是一个人，喜欢上谁，被谁喜欢，再正常不过。

新居生活，平静如水。因为早出晚归，好一阵子，邻居们都没注意到我。那个周末，我睡了个懒觉，起来后出门瞎转悠，这下可好，一路上遇到几个人，冲我像亲人似的微笑，随后又撇下我，自顾自地在边上议论起来：

"喏，新搬到2号103室的，胆子够大。"

"住得长吗？住不了多久怕是要搬走。"

关于那套房子的传说，蓦地冲上脑门。我加快脚步走过他们，却忍不住回望我住的地方。半封的天井，围出一方小小的世界，乍看上去，既破败，又幽深，很有荒凉之意。

从前我就听潘潘说过，小区里一些人声称见过老人的魂灵，还有人说，他们的感情太好，恐怕转世投胎时会是一对龙凤胎。谣言止于智者，潘潘在那间屋子里住了小半年，安然无恙。

阳光透明而温暖。我理那些闲话干吗？

闲逛回来，我闻到房间里弥散的淡淡酒香，那是我按照潘潘邮件中所述，自酿的一瓮葡萄酒。

秋意渐深，搬过来已两个月，我渐渐忘掉关于这房子的故事。不过，偶尔，在憋尿早醒的清晨或光线朦胧将暗半明的黄昏，假如我一人静静地待在这屋子里，没开电视，没讲电话，没上网，我会有种奇特的感觉：这屋子里并非只我一人。

我好像真的看到了那对老夫妇。

隔着一层薄雾一般，他们在清晨的厨房里煮麦片和牛奶，在黄昏的天井里浇花、活动身体。

他们总是背对着我，缓缓活动，从不回头看我一眼。

我静静地看着他们，一点儿也不害怕，心里反而有种安定的感觉。有时我会想象这对老人共同生活到死，一定经历过很多事情，再想想自己这几年来的感情经历，想到树杰的移情别恋，那种受伤的痛感，渐渐变得轻微。

这天下班，夕阳余晖中，我看到很多人围着小区的布告栏观看，我也凑过去，看到一张动迁办的通知。因马路拓宽，整个小区要拆除四幢楼房，我租住的2号，恰在其列。

如此一来，眼下最要紧的事，是重新找房子。想到这一点，我心里涌起依依不舍的感情。一路沉思着走来，听到有人叫我的名字，我也茫茫然的，不知所措。

潘潘站在我面前。久别重逢，我们却像昨天才见过一样，互相打了声招呼，笑了笑。他说他看到了那张通知。他和我一起走

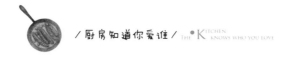

进屋子里，喝了一杯我酿的葡萄酒。

事情就是这样，两周后，我搬走了，是潘潘陪我一起搬的家。临走前，他建议我们给已经逝去的老夫妇上炷香，敬一杯酒。

那天，房东也出现了，他从公寓一只暗橱里取出了一个镜框，里面镶着故去老夫妇年轻时的黑白合影。看到那张照片时，房东和我们都惊讶极了——那不正是我跟潘潘的模样吗？

也许长得并不十分像，只是相爱的两个人，脸上的表情一定是一模一样的。反正我们不怕这些巧合，半年后，我跟潘潘结婚了，至今仍幸福地生活在一起。